陆相页岩油流动机理及水平井体积压裂开发技术

——以吉木萨尔凹陷芦草沟组为例

梁成钢 陈依伟 李菊花 等著

石油工业出版社

内 容 提 要

本书以新疆油田吉庆作业区吉木萨尔页岩油藏为例，系统阐述了页岩油的赋存状态和流动机理，深入研究了页岩油藏的体积压裂裂缝扩展规律、常用油藏工程方法、数值模拟和生产优化方法，介绍了页岩油注 CO_2 提高采收率方法。

本书适合从事非常规油藏开发的管理人员、科研和工程技术人员，以及相关高校师生学习和参考。

图书在版编目（CIP）数据

陆相页岩油流动机理及水平井体积压裂开发技术：以吉木萨尔凹陷芦草沟组为例／梁成钢等著. — 北京：石油工业出版社，2022.5

ISBN 978-7-5183-5306-4

Ⅰ. ①陆… Ⅱ. ①谢… Ⅲ. ①油页岩–水平井–油层水力压裂–研究–吉木萨尔县 Ⅳ. ①TE243

中国版本图书馆 CIP 数据核字（2022）第 052520 号

出版发行：石油工业出版社
　　　　　（北京安定门外安华里 2 区 1 号　100011）
　　　　　网　　址：www.petropub.com
　　　　　编辑部：（010）64523736
　　　　　图书营销中心：（010）64523633
经　　销：全国新华书店
印　　刷：北京晨旭印刷厂

2022 年 5 月第 1 版　2022 年 5 月第 1 次印刷
787×1092 毫米　开本：1/16　印张：13.5
字数：320 千字

定价：130.00 元
（如发现印装质量问题，我社图书营销中心负责调换）

本书作者名单

梁成钢	陈依伟	李菊花	谢建勇	崔新疆	褚艳杰
吴承美	张金风	李文波	叶俊华	郭海平	徐田录
朱靖生	王 涛	赵 军	赵 坤	罗 翼	周其勇
罗鸿成	孙海波	何永清	岳红星	刘娟丽	王 伟
谭 强	伍晓虎	马立华	胡 可	秦嘉敏	王良哲
甄贵男	王炜龙	鲁霖懋	李泽阳	吴浩宇	刘 浩

前　　言

新疆页岩油资源量丰富，主要分布于吉木萨尔、玛湖、五彩湾—石树沟三大凹陷区，总资源量 $30×10^8t$。从 2011 年起，新疆油田四"攻"页岩油，相继攻克页岩油勘探、开发中的"卡脖子"技术难题，紧紧围绕"国家级陆相页岩油示范区"建设目标，积极推进市场化运作，持续强化科技攻关，扎实开展精益管理，实现页岩油效益开发。2022 年，新疆油田吉木萨尔国家级陆相页岩油示范区将达到年产 $50×10^4t$ 目标。作为国内首个国家级页岩油示范区，将全力打造体制创新、效益开发、技术领先的先行示范，为准噶尔盆地页岩油规模效益开发和高质量发展提供坚强保障。

页岩油指以页岩为主的页岩层系中所含的石油资源。通俗地说就是"看得见、拿不出"的石油资源，就像"泼出去之后又渗到泥土和石头缝里的水"。页岩油以低渗透、流动性差而被称为最难开采的石油之一。2011 年，新疆油田吉 25 井获工业油流，发现了 $10×10^8t$ 级特大型油田——吉木萨尔页岩油田。此后 10 年间，无数科研攻关者，扎根页岩油，依靠自主创新，创立先进的理论技术体系，开始了从陆相页岩夹缝"找"油到陆相页岩高效"产"油的历史性跨越。

国内页岩油的规模效益开发还属空白领域，再加上吉木萨尔页岩油具有物性极低、油层薄、黏度高、非均质性强、埋深大的特点。勘探开发实践证明，其开发技术与北美地区海相页岩油不同，只有跳出已有开发技术经验，提高技术创新水平，才能探索适应的开发部署方式。没有现成的技术和经验可以借鉴，就自己闯出一条路来。这些特殊性对传统的油气渗流理论和开发技术是重大挑战，必须要解决制约页岩油工业化开发的瓶颈。

吉木萨尔凹陷芦草沟组页岩油于 2011 年 9 月发现，2012 年采取水平井+体积压裂的方式进行开发试验，取得突破，2013—2014 年继续以水平井+体积压裂的方式实施了 3 口探井、10 口开发试验井，2017 年在充分考虑油藏性质的基础上，结合前期水平井排采情况，对 2 口开发试验井进行了排采生产方式的优化，特别是通过压裂后延长焖井时间，有效缩短了见油时间，降低了开井初期含水，实现了高液量期含水快速下降，取得了最高产油量 108.5t/d，稳产 27.0t/d 的生产效果，有效推动了页岩油区的规模效益开发。本书针对该页岩油藏的流动机理和开发技术开展了深入研究，并取得了阶段性成果，技术成果也已在油田现场推广应用。为此，笔者结合多年的研究成果和近期国际最新研究动态撰写了本书，以期为我国页岩油的科学有效开发提供理论和技术指导，推动我国页岩油产业的蓬勃发展。

建油公司先进模式，闯页岩油效益难关! 吉庆油田作业区（吉木萨尔页岩油项目经理部）为建立国家级陆相页岩油示范区，笃定前行，乘势而上，坚定不移，建立了全生命周期、一体化统筹、专业化协同、市场化运作、社会化支持、数字化管理、绿色化发展的"一全六化"生产组织模式。这个过程凝聚了一批人的心血与汗水，谢建勇、崔新疆为项目总体负责人，李文波、叶俊华、朱靖生、王涛为现场组织负责人，梁成钢为技术负责人，陈依伟、吴承美、谭强、张金凤、郭海平、徐田录主要负责方案编制和跟踪研究，褚艳杰、罗翼、赵坤、马立华、胡可、鲁霖懋、王伟、李泽阳主要负责采油工艺技术攻关，赵军、罗鸿成、孙海波、何永清、岳红星、甄贵男、秦嘉敏主要负责油田动态分析，周其勇、刘娟丽、王良哲、王炜龙、吴浩宇、刘浩主要负责动态监测、方案现场实施，伍晓虎、朱思静主要负责经济评价工作。

页岩油作为非常规油气资源，是目前世界油气开发的新领域，多学科交叉研究既是机遇也是挑战。诸多理论、技术和方法尚在发展和完善中，加之笔者水平有限，书中难免存在不足之处，敬请读者批评指正！

目　　录

第一章 总 论

页岩油作为一种重要的非常规油气资源，具有典型的源储一体、滞留聚集的特征，而且化学组成复杂、富有机质、油质轻，储集空间主体为纳米级孔隙—裂隙系统，仅在局部发育微米级孔隙。纳米级孔内流体的物理化学性质、输运机理与体相流体存在显著差异，这使得页岩油可流动性更差，动用更加困难，而且陆相沉积页岩中较高的黏土矿物含量也进一步制约了压裂改造效果。这些特殊性使得传统的油气渗流理论和开发技术等均遭受重大挑战。面对中国原油对外依存度已高达 73.5% 的现实，页岩油作为中国油气领域战略性接替资源，对缓解油气对外依存度，保障国家能源安全具有重要意义。

页岩油在中国含油气盆地广泛分布，初步预测中国页岩油技术可采资源量为 $20 \times 10^8 \sim 25 \times 10^8$ t，估算中国页岩油技术可采资源量可能为 $30 \times 10^8 \sim 60 \times 10^8$ t。但是中国页岩油勘探起步较晚，陆相页岩相变快、构造复杂、地层能量低，储层的非均质性强，油质重、黏度高、流动性差，水平井压裂效果不明显、经济开发难度大，亟须明确制约陆相页岩油勘探面临的关键科学问题。其中，中国新疆准噶尔盆地吉木萨尔凹陷芦草沟组发育一套厚度稳定、分布广泛的页岩油储层，近年来的勘探开发工作取得了重大突破。本章以吉木萨尔页岩油储层为研究对象，重点介绍陆相页岩储层的地质特征。

第一节 页岩油定义及勘探开发研究进展

早期由于依据储集空间、沉积岩性、有机质成熟度、丰度等不同侧重点，出现了多个定义，可大致归为两类：(1) 狭义的页岩油，富有机质泥页岩（源内）中自生自储型的石油聚集；(2) 广义的页岩油，泛指蕴藏在页岩层系中页岩及致密砂岩和碳酸盐岩等含油层中（近源、源内）的石油资源，包括自生自储型和短距离运移型的石油聚集。国际上对于泥页岩层系中的石油资源定义也并非一成不变。美国能源信息署（EIA）起初称之为页岩油（shale oil），2014 年后改为致密油（tight oil）；加拿大自然资源协会（NRC）称之为致密页岩油（tight shale oil）或致密轻质油（tight light oil）。中国科学院院士金之钧与美国学者 Donovan 的定义一致，认为在烃源岩层系（页岩以及页岩层系中的致密砂岩和碳酸盐岩）中的滞留烃均称为页岩油。国家标准化管理委员会于 2020 年制定《页岩油地质评价方法》（GB/T 38718—2020）中定义为："页岩油是指赋存于富有机质页岩层系（包括层系内的粉砂岩层、细砂岩层、碳酸盐岩层）中的石油。"并且对其中夹层单层厚度及占比进行了定义：单层厚度不大于 5m，累计厚度占页岩层系总厚度比例小于 30%，如图 1-1 所示。但也有学者比较认同单层厚度不超过 1m，累计不超过 20%；或单层厚度不超过 2m，累计厚度不超过 30%。随着中国陆相页岩油勘探开发的不断进行，这些差异正在逐步统一。

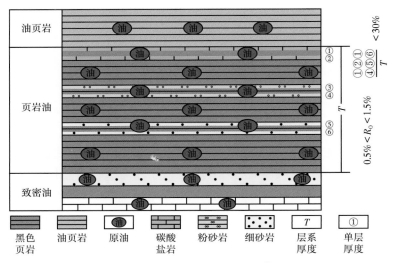

图 1-1 陆相页岩油理论概念模型

页岩油的定义确定了页岩油的内涵，分类则是内涵的进一步细化。回顾中国学者对页岩油的分类，从早期的岩性特征、赋存状态及开采方式等作为依据（表 1-1），到后期随着研究的进一步深入，逐渐聚焦在"源—储"性质上。首先是"源"的性质，是赋存在页岩层系中的石油资源，本质上强调烃源岩的岩性与热演化程度：对于富有机质层系，单层夹层小于 5m，累计比例小于 30%，也有学者强调在埋藏 300m 以深的泥页岩层系中才可称为页岩油；根据热演化程度可分为中—低成熟度页岩油（$R_o = 0.50\% \sim 1.00\%$）与中—高成熟度页油（$R_o = 1.00\% \sim 1.50\%$），但 R_o 界限值还存在较多争议（如底界 0.50%%、0.60%、0.68%、0.65%，顶界 1.10%、1.30%、1.50% 等）。其次是"储"的性质，页岩油具备"源—储一体"的性质，覆压基质渗透率极低，但其内涵仍不够明确，特殊岩层段（如贫有机质层段、白云石层段及凝灰岩层段）、不同源—储组合类型（如源—储共存、源—储分离和纯页岩等）下的含油气特征难以用"源—储一体"来简单概括，仍需进一步探究。

表 1-1 不同学者划分的页岩油类型及依据

划分依据	页岩油类型
物理化学性质及开采难易程度	黏稠型和凝析型
赋存空间	基质含油型、夹层富集型和裂缝富集型
赋存状态	游离态、吸附态及溶解态页岩油
储集特征和岩性	纯页岩、混合型、裂隙页岩油
赋存空间和岩性	泥页岩型和夹层型页岩油
热演化程度和岩性	未熟油、中—低成熟度、中—高成熟度
热演化程度	中—低成熟度、中—高成熟度
源—储特征	源—储共存型、源—储分离型和纯页岩型

一、页岩油的地质特征及勘探现状

1. 中国陆相页岩油勘探现状

20 世纪 70 年代以来，在渤海湾盆地、松辽盆地、江汉盆地、苏北盆地等多个盆地均发现了页岩裂缝油，先期偶然发现在页岩裂缝中存在石油，但不成规模，未能引起广泛关注。随着北美地区页岩油气革命的到来，中国国内一直以来当作"烃源层"的泥页岩层系成为国内外学者关注的热点，页岩气在四川盆地涪陵地区取得巨大成功，但页岩油还处于局部突破阶段。中国页岩油资源主要分布在松辽盆地、渤海湾盆地、苏北盆地、江汉盆地、四川盆地、鄂尔多斯盆地、准噶尔盆地、三塘湖盆地、柴达木盆地等，但仅有准噶尔盆地芦草沟组、鄂尔多斯盆地延长组 7 段及渤海湾盆地古近系的勘探开发取得突破，如新疆油田国家级页岩油示范区的建立、长庆油田页岩油示范基地的规模效益开发、大港油田实现陆相页岩油工业化开采等。中国页岩油资源勘探潜力巨大，中国石油天然气集团公司在 2016 年评估全国页岩油技术可采资源量已达 145×10^8 t（含油页岩）；2019 年，中国石油化工股份有限公司初步估算全国页岩油技术可采资源量为 $74 \times 10^8 \sim 372 \times 10^8$ t。有学者评估中国中—低成熟度页岩油原位转化技术可采资源量为 $700 \times 10^8 \sim 900 \times 10^8$ t，中—高成熟度页岩油地质资源量为 100×10^8 t。

目前，中国页岩油勘探与开发起步较晚，仍处于不同盆地的局部突破阶段，勘探效果不理想，面临借鉴的北美地区压裂技术不适用的难题，因此，亟需加大基础科学问题的研究，探索适合中国陆相页岩油勘探开发的技术与理论。

2. 中国陆相和美国海相页岩油的地质特征对比

中国页岩油勘探表明页岩油主要富集在中生代、早二叠纪及晚古近纪的陆相泥页岩层系地层中，埋深为 1000 ~ 4300m，沉积厚度不等（10 ~ 500m）。烃源岩有机质丰度为 0.5% ~ 16.0%，干酪根类型以 Ⅰ 型、Ⅱ 型为主，热演化程度 R_o 主要分布在 0.5% ~ 1.3% 之间，生成烃类的密度为 0.7 ~ 0.9g/cm³，地层压力多处于弱超压状态。储层岩石较致密，孔隙度为 0.2% ~ 19.0%，渗透率多小于 0.1mD，孔喉直径多小于 150nm，储集空间为微裂缝、溶蚀孔、晶间孔、有机质孔、粒内孔、粒间孔等。中国陆相页岩油与北美地区海相页岩油有很大区别，从沉积、成烃、储层、工程地质与开采工艺均有不同。

从沉积特征来看，陆相页岩沉积构造演化稳定性较差，沉积盆地类型多，具有埋藏深度较深、沉积厚度较大、分布范围广但沉积连续性较差、相变快、地层能量低的特点。从生烃品质来看，陆相页岩油具有热演化程度偏低、气油比较低但含油饱和度较高、烃源岩累计厚度较大的特点，烃类流体属于黏度、密度较大的高蜡油，干酪根类型以 Ⅰ 型、Ⅱ₁ 型为主。从储层品质来看，陆相页岩的孔渗特征较致密，压力分布较复杂，储层有利面积、单井累计产能较小，但储层厚度较厚。对于工程地质的评价参数：低脆性矿物含量、高泊松比、低杨氏模量、低脆性系数、高储层闭合压力均显示了陆相页岩具有脆性低、难以压开且压开后易闭合的特点。

而北美地区海相页岩沉积相对稳定连续，油层连续性较好、处于轻质油—凝析油窗口，储层品质也较好，脆性矿物含量较高、易压裂，有利面积较大，单井累计产能较高。并且，从开采技术研究来看，北美地区海相页岩油的主体技术已经成熟，水源条件充足，地面管网发达，现主要集中在如何经济环保可采情况下，进一步提高压裂水平、提高产量。而中国陆相页岩地质特征复杂，甚至某些页岩油水平钻井段的产油量没有直井段产油量高，相关的技术还在探索之中，水源条件不充足，地面管网相对不发达。

二、页岩油开发研究进展

1. 页岩油赋存机制

精细的源—储"甜点"预测一直是非常规勘探与开发的关注热点，而如何评价有机—无机成岩演化的储层孔缝网络与烃类赋存、富集的匹配结构关系（即页岩油的赋存机制）是最关键的一环。与北美地区相比，中国陆相页岩油地质条件更加复杂，非均质性更强，更需加强页岩油的赋存机制研究。

1）页岩油赋存空间

近年来，随着非常规油气纳米级赋存空间的发现，如何定性—定量表征泥页岩的微观孔隙结构成为非常规油气研究的热点领域：从最初的定性研究（孔隙类型、孔隙大小、孔隙性质、孔隙结构形态、孔隙发育主控因素等）到定量动态演变进展（有机质—无机质孔隙的演变、各类型孔隙占比、孔隙的定量比、孔隙的孔喉、孔隙的比表面对吸附的影响、孔隙非均质性、孔隙内部的连通性等）都是研究的热点。目前用于孔隙结构表征的方法多种多样，但各种表征技术的适用范围存在较大差异。如二维图像定性观测范围为 1nm ~ 1cm，而三维重构模拟技术多集中于 0.1μm 以上的大孔，定量实验多集中在 0.01μm ~ 0.01mm 之间的孔隙。

随着孔隙定性—定量表征技术的不断发展，全孔径联合表征技术与有矿物属性的网络动态演化表征成为泥页岩储层孔隙表征的重要发展方向。页岩油赋存的孔隙类型主要有矿物颗粒间孔隙、溶蚀孔隙、晶间孔隙、黏土矿物孔隙、黄铁矿孔隙和有机质孔隙等；也可归为无机质孔隙和有机质孔隙两大类，无机质孔隙包括黏土矿物孔隙、脆性矿物颗粒间隙和矿物粒内孔隙，有机质孔隙包括干酪根原生生物结构孔隙、固体干酪根次生孔隙及固体沥青再演化形成的孔隙等。通常认为有机质孔隙中的烃类比无机质孔隙中的烃类更加难以动用。裂缝类型以构造裂缝、异常压力缝、矿物收缩裂缝和层间微裂缝为主，也可分为层间缝、异常压力缝和微裂缝。另外，湖相页岩是先天致密的烃源层、储层，其中发育的微米—纳米级孔隙具有异于毫米级孔隙的物理化学属性：强相互作用、尺度效应、毛管效应、真实气体效应、界面现象、分子扩散效应和裂缝冲击效应等，让常规渗透率、孔隙度失去了在评价储层可动流体相态的准确性。孔隙的喉道大小也是制约烃类赋存和流动的重要因素，对这一观点学者的认识不一，分别提出页岩油可动油孔径下限为 5nm、10nm、30nm。卢双舫等根据微观孔喉分类，提出了页岩油储层的分类新方案，即微孔喉（<25nm）、小孔喉（25~100nm）、中孔喉（100~1000nm）及大孔喉（>1000nm）。因此，页岩油的赋存空间是多尺度拓扑结构的孔隙—裂缝网络，其网络定性—定量的准确表征与网络微米—纳米级尺度的物理化学属性研究是探究赋存空间有效性的重要内容。

2）页岩油赋存机理

通常认为页岩油在层间缝、构造裂缝、超压裂缝中以游离态赋存；在孔隙较大的重结晶晶间孔、溶蚀孔中也以游离态赋存，且可形成连续的烃类聚集；而在有机质演化孔、黄铁矿晶间孔、黏土矿物晶间孔中则以吸附态存在。石英颗粒、碳酸盐岩及黄铁矿等表面对烃类吸附的实验表明矿物组分、矿物表面积对生/排烃中有机质赋存有很大影响，但不同矿物的地质作用效果不同。生烃热演化模式中干酪根的吸附机理和油气热解、裂解作用是有机质物质赋存状态转化的重点，如干酪根溶胀实验对有机质留烃能力的研究，以及热解萃取游离态的小分子化合物研究认为，小分子的游离态化合物相对于大分子的吸附态化合物更容易热释出来。干酪根对残留油具有重要的吸附作用，其未经排烃的干酪根吸附量可达 100mg/g，成熟度则控制吸附能力的大小。蒋启贵等通过多温阶热萃取的方法将游离烃含量的轻烃区进行划分，进一步表征游离油、吸附油，但能否准确反映含量有待确认。近年来，学者还通过分子动力学、蒙特卡洛模拟及密度泛函理论等对烃类流体在纳米级孔隙中的赋存机理进行了探索：认为页岩油具有多层吸附的特点，在靠近固体壁面处，烷烃分子趋向于平行于壁面排列，形成 3 层或 4 层吸附层，以固体或"类固体"形式存在；孔道中央位置处，烷烃分子呈现体相流体。在吸附层内，水平方向的扩散系数大于垂直方向的扩散系数，而在体相流体中，不同方向扩散系数差异减小，较大的驱动力可以增加滑移长度，但对有效黏度的影响较小。另外，干酪根结构的准确构建是一个世界级难题，但相信随着计算机技术与微观结构解析技术的发展，烃类分子不同赋存状态的演变与复杂岩石结构的匹配机理将会被进一步揭示。因此，页岩油的赋存机理受孔缝介质的矿物类型、生烃热演化产生不同化合物的差异与干酪根的吸附/解吸控制，微米—纳米级孔隙与油气赋存的匹配关系研究是未来发展的趋势。

3）页岩油赋存状态及研究方法

页岩油的赋存状态难以界定、不同赋存状态相互转换的条件不明，需要结合环境场扫描电镜、核磁共振、能谱分析、蒙特卡洛方法、分子动力学模拟、理论模型等对比验证，建立有效的多方法对比验证技术。通常认为页岩油气以吸附态、游离态和溶解态共存，但赋存状态的含义存在争议，如根据吸附的纳米特性可定义为局部密度值偏离体积密度值的部分，区分状态为"类固体"层和体相流体。根据化学特性可区分为：（1）化学吸附有机质，以化学键结合为主、呈三维交联网络结构形式存在的有机质大分子；（2）物理吸附有机质，丰富的杂原子极性官能团和一些胶质组分。

早期学者提出石油在孔隙中主要以圆球状分布、短柱状集合体、薄膜状均匀及黏结态 4 类赋存状态存在，也有学者结合岩相识别出裂缝型、孔隙型、薄膜型、毛管型、颗粒型、吸附型 6 类页岩油赋存的微观形式。因此，虽然学者们已经对这些规律进行了探索，但仅揭示了其中一部分，由于研究手段的限制，缺乏系统对比研究，且各种技术各有优缺点（表 1-2）。

如环境扫描电镜可以直接观察石油赋存的特征，但需要配合能谱分析测试，并且在样品的制备过程中有很大的差异及只能局部观察，且无法定量研究赋存规律；有机质萃取与热模拟则在实验条件下可能对样品进行损坏，溶剂抽提并不能完全实现对不同赋存状态的可溶有机质选择性分离，且可溶有机质在湖相页岩中的赋存状态也存在一定的动态转化过程，溶剂的改变及抽提方式的改变都有可能引起实验数据的变化；高频核磁共振技术的发展为无损、快捷地展示页岩油中流体状态提供了一个新的方向，但是细粒沉积中发育的黄铁矿等对结果有很大的影响；等温吸附实验能够表征连通孔隙的结构特征，弥补扫描电镜图像法的不足，但烃类流体赋存的状态难以确定；分子动力学模拟方法由于石油分子组分复杂，通常简化为石墨烯，但有很大的局限性；通过分子的物理化学属性，建立理论赋存模型有一定的指导意义，但是矿物模型的筛选是一大问题。因此，结合多种手段建立多方法对比技术将十分重要。

表 1-2　不同技术手段的优缺点

技术手段	优缺点
环境扫描电镜	直接观察石油赋存的特征，但需要配合能谱分析测试，并且在样品的制备过程中有很大的差异以及只能局部观察，且无法定量研究赋存规律
有机质萃取与热模拟	实验条件下能实现对不同赋存状态的可溶有机质选择性分离，但并不完全且难以完全揭示原位的烃类动态转化过程，溶剂以及抽提方式的改变也有可能引起实验结果的变化
等温吸附实验	能够表征连通孔隙结构，弥补扫描电镜法不足，但烃类赋存状态难以确定
高频核磁共振	无损、快捷地展示页岩油流体状态，但黄铁矿等矿物对结果有很大的影响
分子动力学模拟与理论模型	结合计算机技术，能够体现微观赋存特征，但石油分子组分复杂，矿物模型的筛选都有很大限制，难以在分子尺度准确表征

4）页岩油可动性

页岩油可动性一方面取决于储层孔隙的性质，如润湿性、连通性等。孔隙的亲油性越强，烃类在其表面的吸附厚度越大，游离态的可动量越小，但同时亲油性的孔隙更加易于驱油，其如何综合评价成为一个难题。另一方面则取决于烃类流体的性质。不同复杂烃类化合物在不同矿物属性的微米—纳米级孔喉介质中流动时会发生复杂的物理—化学反应：除尺度效应外，还包括原油组分（气态烃、液态饱和烃、芳香烃、非烃、沥青质）在不同矿物（石英、碳酸盐矿物、有机质、黏土矿物）上的吸附作用。前人多关注砂岩、碳酸盐岩中石油的油—岩吸附、油—岩驱替、油—岩润湿、油—岩渗流等实验，泥页岩中的油—岩作用研究较少。有学者尝试用分子动力学模拟的方法对单一烃类在有机质、黏土矿物通道中的行为进行了研究，取得了较好的效果，但其终归是模拟，缺少实验验证，仅能从理论上计算可动量，并且原油组分复杂，单一烃类不能代表复杂原油组分。关于可动量的表征，多从核磁共振弛豫时间表征可动流体的饱和度，利用原油的驱替实验评价可动油，采用热解法的热解参数等表征游离烃的含量进行研究，但这些方法有待改进，如驱替实验在泥页岩中难以进行，黄铁矿对核磁共振有较大影响等。烃类赋存状态对可动性是十分重要的，如果吸附油是不可动的，在排油过程中，相态不变，理论上游离油的含量就是可动量，然后再确定烃类在孔隙中的优先赋存位置及孔喉的大小，那么整个系统的可动性就可以量化评价。因此，页岩油的可动性与赋存机理息息相关，油—岩作用十分重要，需要大力改进表征可动量的方法。

2. 页岩油多相微流动机理研究

页岩油勘探开发实践表明，贫有机质层段也含油，且短距离运移的现象不断被提出，页岩油成藏特征已经不能用简单的"源—储一体"来概括。页岩油的特殊性使学者们逐渐聚焦到石油的源内运移，页岩内部的非均质性和多尺度结构导致传统流体力学理论不足以描述页岩基质中的流体输运，对页岩油藏多相流孔隙网络模型（PNM）模拟是近年来的研究热点。

页岩基质的非均质性和多尺度结构导致页岩纳米级孔中承压流体的静态和动态行为与宏观条件下完全不同，纳米结构的表面效应、油流机理、界面现象、吸附/解吸效应、流体扩散、黏性流动、滑移效应、拓扑特征的网络结构等，加剧了超精细页岩纳米级孔中油气运移的复杂程度，使达西方程和经典的 Navier-Stoke 方程不能精确描述流体流动行为。通常认为纳米级孔内的比表面积越大，绝对粗糙度越大，液体黏性力就越强；微尺度效应随着克努森数的增大而增强，宏观的流动模型将不适用；物理量在固体壁面附近出现非连续性，如速度滑移、温度跳跃等；由于静电力作用和液固的浸润/吸附可以出现电泳、电渗、双电层等界面效应。前人通常在物理学以及各工程领域中将流体与流体、流体与固体之间分子碰撞的相对强弱划分为连续区、滑移区、过渡区和自由分子流 4 个尺度。而 Boltzmann 方程适用于上述所有尺度的流动，分子动力学模拟则是可以对任意克努森数下的流动进行模拟的有效工具，近年来已被应用于研究受限超精细页岩纳米级孔中的油气行为。分子模拟表明，烃类在有机质—无机质纳米级孔中存在多个液态烷烃吸附层，以"类固体"层存在，易造成负滑移和无滑移现象，但在规则排列的碳纳米管中流动速度却比传统流体流动理论预期的速度快 4~5 个数量级，几乎是无摩擦流动。滑移效应和黏性流动使烃类在有机质缝中的速度分布呈塞状，偏离无机质纳米级孔中的抛物线分布说明不同介质对微米—纳米级的流动具有较大的影响；烃类的吸附/解吸效应显示有机质对石油的吸附量是无机质和黏土矿物的两倍，说明有机质与烃类的相互作用最大；烃类在有机质、无机物、黏土矿物的扩散系数依次减小说明正滑移易发生在有机质与烃类的相互作用中，同时水的存在将会对吸附和扩散产生抑制作用。流体扩散和界面效应显示垂直于壁面吸附相的质量密度分布与驱动力无关，较大的驱动力会增加滑移长度，不同驱动力下的速度分布呈抛物线形，承压流体的黏度可以用曲率表示。另外，虽然宏观实验在准确表征页岩基质各向异性和表面化学性质上有很多缺陷，但越来越先进的实验模拟将会是分子模拟的很好佐证。因此，结合实验、流体动力理论及分子动力学模拟的系统研究将会是揭示烃类质量运移机制的发展方向。

中国陆相页岩油正处于局部突破阶段，中国陆相页岩油勘探进展及陆相和海相页岩油的地质特征差异，页岩油烃类赋存及流体运移的最新研究进展，既是优选地质勘探"甜点"的重要内容，同时又是工程开发研究的基础。陆相页岩油需要提高人工压裂与开发的人工干预技术，建立并不断优化地质工程一体化开发模式，才能形成规模化的建产、累计产量，保障页岩油革命的顺利进行，为国家能源安全提供支撑。

第二节　吉木萨尔页岩储层基本特征

吉木萨尔凹陷面积为 1278km²，是一个相对独立的富烃凹陷。凹陷主要发育于晚古生代至新生代，地层厚度大，最大厚度为 5200m，而芦草沟组厚度在 100~350m 之间。沉积中心位于凹陷南部，厚度达到 300~350m，而北部沉积厚度较薄，厚度为 100~200m。

研究成果表明，二叠系芦草沟组为吉木萨尔凹陷主要的烃源岩，目前已钻探井大多钻遇该套源岩，岩性主要为一套灰黑色泥岩、白云质泥岩。其生油岩厚度大、面积广，烃源岩厚度在 100~250m 之间，其中芦草沟组二段烃源岩厚度大于 50m，面积 887km²；芦草沟组一段烃源岩厚度大于 100m，面积 1097km²。

一、页岩基质特征

1. 构造特征

二叠系芦草沟组二段二砂组（$P_2l_2^2$）顶界构造形态表现为东高西低、东陡西缓的西倾单斜。在凹陷中部及西部地层较缓，地层倾角为 3°~10°，凹陷北部、东部及南部边缘地层较陡，以吉 15 井—吉 28 井—吉 27 井一线东侧为最陡，地层倾角达 20°，整体构造呈"箕状"特征。沿吉 29 井—吉 28 井—吉 33 井轴线南侧存在长轴凹槽，凹槽北侧构造以西南倾向为主，凹槽南侧构造以西北倾为主。吉木萨尔凹陷内 $P_2l_2^2$ 有利储层大面积发育，北部沿吉 35 井—吉 15 井南侧一带尖灭，东部沿吉 151 井—吉 24 井西侧一带尖灭，南部沿吉 36 井—吉 25 井—吉 23 井南侧一带尖灭，西部受西地断裂控制，东南部受吉 7 井南断裂控制，$P_2l_2^2$ 有利储层面积 640km²。

2. 沉积特征

研究表明，吉木萨尔凹陷二叠系芦草沟组页岩油储层物源主要来自周边的古隆起。

$P_2l_2^2$ 页岩油整体为咸化湖沉积环境。现有研究表明，芦草沟组沉积环境与海水的联系已经不明显。芦草沟组沉积时期，气候干旱炎热，湖盆水体较深，水动力较弱，盐度高，水体咸化，湖盆底部为一个还原环境，有利于有机质富集和白云石的化学沉淀。在凹陷西部靠近西地断裂处埋深最大，向东、北东和北西方向逐渐抬高。

$P_2l_2^2$ 主要沉积类型为浅湖相、滨浅湖相、滨湖相夹云泥坪相，平面上依次向东展布，主要岩性为内碎屑沉积的砂屑云岩、岩屑长石粉砂岩、云屑砂岩。主力储集岩为砂屑云岩和岩屑长石粉砂岩、泥晶白云岩，储层物性相对较差；中部主要为滨浅湖相沉积，储层岩性以云质粉砂岩为主，夹薄层状砂屑云岩；西部吉 30 井附近发育浅湖沉积，主要储层岩性为云质粉砂岩，其中白云石含量较少，砂体单层厚度较薄，由于储层与烃源岩匹配关系较好，含油性也较好。

$P_2l_2^2$ 有利储层全区发育，厚度 13.4~58.5m，平均 43.6m。

3. 岩石特征

吉木萨尔凹陷二叠系芦草沟组储层在成岩演化过程中，由于受咸化湖水及烃源岩演化的影响，成岩作用十分复杂。芦草沟组岩性变化较大，组成岩石的矿物成分较多，除陆源矿物、碎屑、内碎屑及少量火山灰外，还发育多种自生矿物，如碳酸盐类、硫酸盐类、硅酸盐类、黄铁矿、绿/蒙混层矿物等。储层碎屑颗粒粒级以小于 0.5mm 为主，表明芦草沟组储层粒度普遍较细。储层多为过渡性岩类，粉细砂、泥质及碳酸盐富集层呈厘米级互层状分布，通过岩石薄片镜下观察，常见岩性有 50 多种。储层岩性主要为一套沉积于咸化湖泊中，受机械沉积作用、化学沉积作用及生物沉积作用沉积的粉细砂、泥质、碳酸盐的混积岩。

根据现有研究成果，确定芦草沟组优势岩性可分为两大类六小类：碎屑岩类以细粒级沉积为主，主要为泥岩、云质粉细砂岩、岩屑长石粉细砂岩和云屑粉细砂岩。碳酸盐岩类主要为同生（准同生）的微晶、泥晶云岩及砂屑云岩。芦草沟组储层主要发育四种类型：云质（泥质）粉细砂岩、云屑砂岩、砂屑云岩、微晶云岩，占比分别为 73%、12%、8%、7%。

碎屑颗粒磨圆度主要为次棱角状，分选较差，以颗粒支撑为主，接触方式主要为线—点状、点—线状接触。胶结类型以压嵌式—孔隙式为主，压嵌式次之。

4. 物性特征

根据研究区内 4 口井 59 块岩心样品分析的覆压孔渗数据，吉 17 井、吉 37 井区块 $P_2l_2^2$ 储层覆压孔隙度为 5.52% ~ 19.84%，中值为 9.59%，覆压渗透率为 0.0004 ~ 1.950mD，中值为 0.013mD。

5. 储集空间类型与孔隙结构

研究区 319 块铸体薄片、扫描电镜统计表明，二叠系芦草沟组储层主要发育四类储集空间：剩余粒间孔、微孔（晶间孔）、溶孔、溶缝（图 1-2），$P_2l_2^2$ 储层孔隙类型以溶孔、

剩余粒间孔，吉174井，3142.13m，
含灰质砂屑云质砂岩，×100

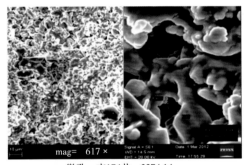

微孔，吉174井，3274.14m，
含云质含泥质极细粒粉砂岩，×617

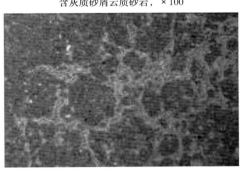

溶孔，吉174井，3115.3m，
泥晶砂屑云岩，×100

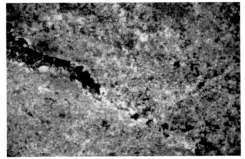

溶缝，吉174井，3121.97m，
微晶云岩，×100

图 1-2 吉木萨尔芦草沟组储层孔隙类型图

剩余粒间孔为主（表1-3）。恒速压汞资料显示，芦草沟组毛管压力曲线整体呈细歪度特征，储层孔隙结构变化较大，以微细孔喉为主，但常规孔喉亦有发育（图1-3）。

表1-3 芦草沟组储层孔隙类型及结构特征参数表

层位	孔隙类型及含量(%)						总面孔率（%）	孔隙直径最大值（μm）	孔隙直径最小值（μm）	平均孔隙直径（μm）
	溶孔	粒内溶孔	剩余粒间孔	晶间孔	体腔孔	其他				
$P_2 l_2^2$	44	32.1	7.3	3.6	2.4	10.6	$\dfrac{0.01\sim2.94^①}{0.26}$	$\dfrac{17.13\sim2039.18}{196.97}$	$\dfrac{2.12\sim20.13}{8.11}$	$\dfrac{4.78\sim1449.22}{115.44}$
$P_2 l_1^2$	60	19.8	8	4.8		7.4	$\dfrac{0.01\sim0.89}{0.19}$	$\dfrac{12.75\sim118.9}{43.98}$	$\dfrac{2.12\sim16.58}{6.90}$	$\dfrac{6.58\sim43.96}{19.61}$
平均	52	26	7.6	4.2	1.2	9.0	$\dfrac{0.01\sim2.94}{0.23}$	$\dfrac{12.75\sim2039.18}{120.48}$	$\dfrac{2.12\sim20.13}{7.51}$	$\dfrac{4.78\sim1449.22}{67.53}$

① $\dfrac{范围}{平均值}$。

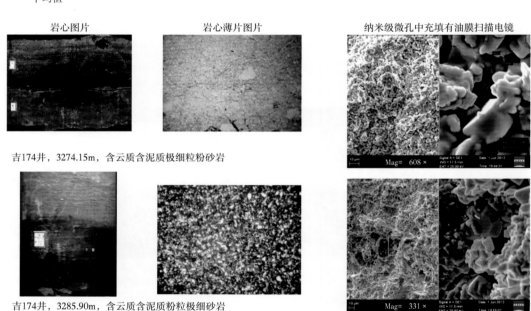

岩心图片　　岩心薄片图片　　纳米级微孔中充填有油膜扫描电镜

吉174井，3274.15m，含云质含泥质极细粒粉砂岩

吉174井，3285.90m，含云质含泥质粉粒极细砂岩

图1-3 吉木萨尔芦草沟组页岩油纳米级微孔

综上所述，吉木萨尔芦草沟组含油储层岩性主要为云质（泥质）粉细砂岩、云屑砂岩、砂屑云岩、微晶云岩，储集空间类型主要为溶孔、剩余粒间孔，整体表现为细歪度、微—细喉，渗流条件偏差的特征。

6. 储层"七性"关系评价

1）岩性与电性关系

基于芦草沟组页岩油优势岩性不含铁磁物质的特点，根据岩心刻度测井，应用核磁共振测井构建核磁共振3ms孔隙度和0.3ms孔隙度比值的岩石结构指示参数，岩性密度测井与核磁共振测井总孔隙度构建骨架密度参数，建立了适合凹陷页岩油优势岩性的岩性识别图版，可以较好地解释储层岩性。

2) 物性测井表征

(1) 孔隙度表征。

常规测井对页岩油物性参数解释难度大，需要使用核磁共振测井资料确定储层的孔隙度。通过使用岩心刻度测井的方法，统计不同 T_2（横向弛豫时间）起算值计算的有效孔隙度与分析孔隙度的差别，使用 T_2 为 1.7ms 作为有效孔隙度计算的起算值，较好地解决了测井有效孔隙度的表征问题（图1-4）。

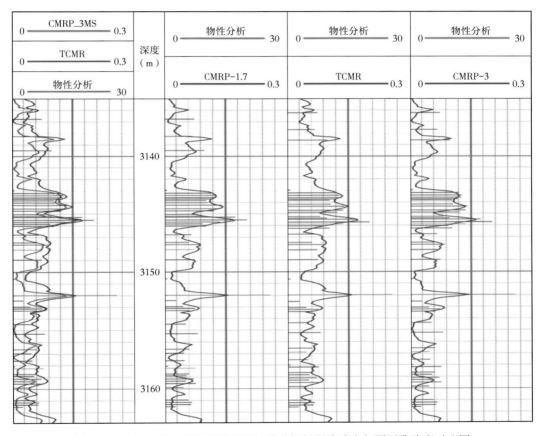

图1-4 吉174井二叠系芦草沟组核磁共振解释孔隙度与覆压孔隙度对比图

(2) 渗透率表征。

渗透率与岩石孔径分布有直接关系，而 T_2 分布是孔径分布的近似表达，具有反应地层渗透率的微观基础。针对页岩油储层的特点，利用岩心刻度测井，建立了核磁共振测井的渗透率计算模型（图1-5）。

核磁共振渗透率的计算公式为：

$$\lg K = 2.481297\lg T_{cmr} + 0.759\lg T_{2lm} - 0.04535 \tag{1-1}$$

式中：T_{cmr} 为核磁共振总孔隙度；T_{2lm} 为 T_2 几何平均值；K 为渗透率。

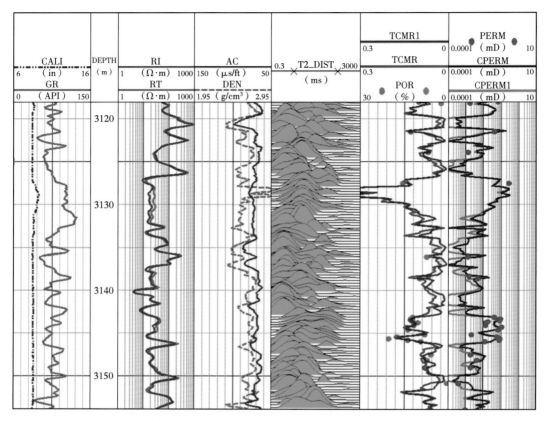

图 1-5　吉 174 井二叠系芦草沟组核磁共振测井渗透率解释综合图

3）烃源岩特征

页岩油赋存于其内部集中发育的以砂屑白云岩、白云质粉砂岩、泥质粉细砂岩为主的储层段之中，为典型的咸化湖相页岩油。烃源岩有机质丰度较高，生油条件较好。芦草沟组大部分烃源岩有机碳含量 TOC>1.0%，泥岩、白云岩有机质丰度高，属于好—最好的生油岩类型，粉砂岩类有机质丰度较低。达到好—最好的生油岩标准，类型以 II_1 型与 II_2 型为主。镜质组反射率 R_o 总体在 0.8～1.0 之间，最高温度 T_{max} 分布在 436～460℃之间，表明该区烃源岩已进入低成熟—成熟演化阶段。

总体来看，二叠系芦草沟组烃源岩类型多样，其中泥岩类的有机质丰度高，达到了好—最好烃源岩的标准，为一套优质的烃源岩，生烃潜力很大。

4）含油性特征

以覆压条件下岩心分析孔隙度及渗透率与含油性建立含油产状，关系表明，物性较好的岩心样品含油级别较高。岩屑长石粉细砂岩储层物性最好，含油性最好，云质粉细砂岩、云屑砂岩、砂屑云岩物性次之，含油性再次之。

5）脆性特征

芦草沟组页岩油储层岩石脆性中等，大致可划分三类。第一类，脆性较好，岩性为砂屑云岩、微晶云岩、云质砂岩，在达到最大抗压强度时或之前岩石破碎。第二类，脆性中等，岩性为粉细砂岩和泥晶云岩，在达到最大抗压强度之前岩石有塑性变形发生。第三类，脆性差，岩性为泥岩和碳质泥岩，在达到最大抗压强度之前岩石一直发生塑性变形。

6）地应力特征

确定地应力方向才能提供压裂长缝延伸方向，为水平井井眼轨迹设计提供技术支撑。利用诱导缝的走向、椭圆井眼的长轴方向、快横波的方位三种方法估算地应力方向，结果一致，确定了最小水平主应力方向为北东55°。

岩心试验分析表明：两向应力差4~12MPa，凹陷东南向西部增大，吉7井附近两向应力差7~12MPa，吉37井附近4~7MPa，吉25井11MPa。

7）储层敏感性分析

根据X射线衍射全岩定量资料分析，P_2l黏土矿物总量为1.96%（表1-4）。根据X射线衍射和扫描电镜分析，P_2l_2储层的蒙皂石和绿/蒙混层矿物的相对含量分别为20%、38%，储层黏土矿物相对含量见表1-5，但黏土矿物绝对含量较低，储层潜在敏感性不强。

通过对清水和压裂液浸泡过的岩心前后重量比较，岩性稳定率均在99%以上，因此可以判定储层的水敏性不强（表1-6、图1-6）。

表1-4 二叠系芦草沟组页岩油黏土矿物绝对含量表

样品深度（m）	层位	岩性	黏土矿物总量（%）	常见非黏土矿物含量（%）				
				石英	钾长石	斜长石	方解石	铁白云石
3146.54	P_2l_2	砂质砂屑云岩	1.79	10.34		26.88	5.17	55.82
3264.65		白云质砂屑砂岩	0.91	10.32		17.55		71.22
3267.19	P_2l_1	泥质粉砂岩	1.91	14.77	12.66	42.19	21.09	7.38
3300.17		云质粉砂岩	3.22	13.35	11.12	38.93	3.34	30.04

表1-5 二叠系芦草沟组页岩油黏土矿物相对含量表

层号	样品数块	黏土矿物相对含量（%）						伊/蒙混层比（%）	绿/蒙混层比（%）
		蒙皂石	伊/蒙混层	伊利石	高岭石	绿泥石	绿/蒙混层		
P_2l_2	5	100	61	3~39		9~44	47~86	85~100	30~40
		20	12	16		14	38	37	20
P_2l_1	56	59~100	37~100	3~12			31~100	75~100	20~30
		45	40	1			14	81	6

表1-6 二叠系芦草沟组页岩油岩心浸泡前后重量对比表

井号	井段（m）	液体	原始重量（g）	实验后重量（g）	岩性稳定率（%）
吉174	3268~3276	清水	32.76	32.45	99.05
		压裂液	33.06	32.97	99.72
	3286~3294	清水	32.52	32.27	99.23
		压裂液	32.1	31.99	99.65

续表

井号	井段 （m）	液体	原始重量 （g）	实验后重量 （g）	岩性稳定率 （%）
吉 31	2712~2727	清水	32.32	31.87	98.61
		压裂液	33.25	33.05	99.39
	2893~2898	清水	32	31.54	98.56
		压裂液	32.2	32.1	99.38

图 1-6　吉木萨尔芦草沟组水敏感性实验

通过分析四种不同岩性的覆压孔渗实验结果表明，砂屑云岩与云质粉砂岩具有较弱的压力敏感性，云屑砂岩和岩屑长石粉砂岩具有中等的压力敏感性。

通过页岩油芦草沟组"七性"关系分析，总结为：（1）岩性控制物性（云质粉细砂岩、砂屑云岩、岩屑长石粉细砂岩物性好）；（2）物性控制含油性（物性越好，含油级别越高）；（3）岩性控制脆性（储层的脆性好于围岩）；（4）岩性控制敏感性（碳酸盐岩含量越高，黏土含量越低，敏感性越弱）；（5）岩性控制源岩特性（储层本身具有生油能力，储层被源岩包裹，源—储一体）；（6）储层的破裂压力低于泥岩，地层的闭合应力相对较高。

二、天然裂缝特征

岩心裂缝描述是除野外露头之外，最直观、最真实的裂缝描述手段、方法，能够得到较为真实的裂缝发育参数，是研究储层裂缝发育程度和分布规律的第一手资料，也是最基础性的资料。

1. 裂缝类型

经过对 J174、J251 等典型井岩心观察分析，发现了三种类型的岩心裂缝：构造缝、成岩缝（包括层理缝、缝合线）、异常高压缝（泄水缝），工区层理缝普遍发育。

1）构造缝

岩心观察表明，构造缝识别数量较少，且多为中—高角度缝，相对稀疏，相互组合构成花状、不规则网络状裂缝网络。在铸体薄片上可见构造裂缝，主要为剪裂缝和扩张裂缝。而剪裂缝较为平直，切穿矿物颗粒，张裂缝缝宽较宽，绕过颗粒。

薄片中可见两种类型的裂缝（图1-7），一是由溶解作用或破裂形成的粒内、粒缘缝，其中粒缘缝主要沿矿物颗粒边缘分布，粒内缝主要为石英的裂纹缝和长石的解理缝；二是成岩压实过程中被矿物或黏土充填的裂缝。溶蚀形成的孔、缝较为常见，部分孔和构造缝相连形成更大的裂缝连通体系。

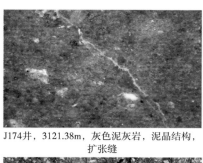

J174井，3121.38m，灰色泥灰岩，泥晶结构，扩张缝

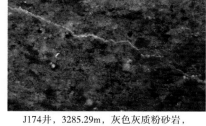

J174井，3285.29m，灰色灰质粉砂岩，极细粒砂质结构，扩张缝

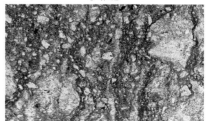

J174井，3272.60m，灰色灰质粉砂岩，泥质粉砂质结构，剪切缝

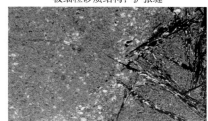

J174井，3268.48m，灰色灰质粉砂岩，泥晶云质结构，剪切缝

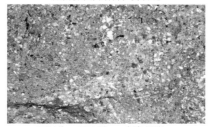

J174井，3321.77m，灰色泥岩，含泥质陆屑砂屑云质结构，扩张缝

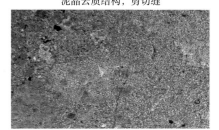

J174井，3190.64m，灰色泥灰岩，泥晶砂屑结构，扩张缝

图1-7 铸体薄片上的构造缝

2）成岩缝

研究区目的层层理缝特别发育，成岩缝在岩心上以层理缝（纹层缝）为主，偶尔见缝合线。纹层缝尤其在互层型岩性中极为发育，含油性普遍较好。

3）异常高压缝

与异常高压有关的裂缝通常被充填，且表现为裂缝脉群，单条裂缝的宽度在0.2～5mm范围变化，最大可达10mm，延伸长度为数毫米至数厘米。异常高压缝的出现，反映研究区曾经历过异常高压作用。还需要岩石声发射实验证实，可恢复其古构造期次和最大有效古应力。

研究区异常高压缝主要为泄水缝，裂缝发育于泥质岩中，不规则，被方解石等矿物充填，含油性差（图1-8）。

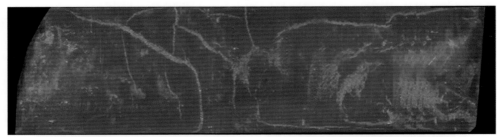

J174井，3234.94～3235.24m，绿灰色粉砂质泥岩，不规则裂隙充填白色碳酸盐矿物

J174井，3222.5～3222.66m，深灰色灰质泥岩，不规则张裂隙被白色方解石脉充填　　J174井，3241.31～3241.68m，深灰色粉砂质泥岩，见极细、长度小于1cm不规则小裂隙，内充填白色不明矿物　　J174井，3288.15～3288.43m，深灰色泥岩，内见不规则裂隙，内充填白色碳酸盐岩矿物，滴酸强烈起泡

图1-8　异常高压缝

2. 发育程度

1）层理缝发育程度

对研究区取心井钻遇层理缝情况的统计，岩层非均质性也与层理缝发育有密切关系，非均质性较强（岩石类型多、变化大或韵律发育）容易发育层理裂缝。

2）裂缝充填

铸体薄片也可以观察到部分构造裂缝，在铸体薄片上的特征表现为穿切层理，裂缝较平直，裂缝宽度在0.1～100μm之间，裂缝长度在0.1～10mm之间，构造缝被充填程度约为70%，充填矿物多数为石英、方解石、白云石等，也有部分被泥质充填。

3. 成像测井解释分析

1）天然裂缝识别

根据取心井吉174井和吉10025井的岩心描述及岩心照片（吉10025井有岩心照片），对FMI图像进行标定，识别了高导缝、高阻缝、井壁崩落、钻井诱导缝、地层界面、砂岩层系界面等地质特征。

（1）层理缝。

①层理图像特征。

层理缝为顺层发育的裂缝，缝合线沿层理面发育，二者在FMI图像上均为明显的低阻

（黑线）特征，且在静态和动态图像上均为低阻特征。

②岩心观察层理缝与成像测井解释对比。

如图 1-9 所示，吉 10025 井第 40 次取心，井段：3793.38～3801.5m，进尺：8.12m，心长：8.12m，岩性：灰质泥岩，总体上层理缝较为发育，未被充填。岩心出筒时断面可见原油外渗是沿着层理面进行的，该处颜色较周围深，且较为均匀。成像测井图像上表现为具有立体感的不连续深色缝状图像，与岩心裂缝有良好对应关系。

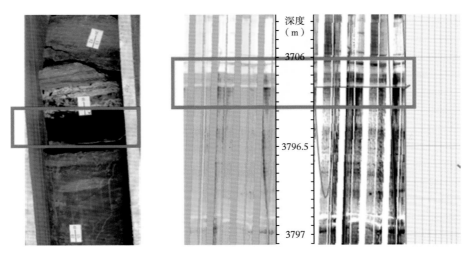

图 1-9 吉 10025 井 3296.0～3796.5m 成像测井图及岩心对比

运用裂缝成像测井标志对吉木萨尔 J25、J27、J172、J174、J301、J302、J10004、J10016 等共 27 口井上"甜点"层理缝进行识别与统计。各井层理缝密度差异较大，均大于 0.5 条/m，其中 J10025 井最高，裂缝密度为 1.34 条/m。

（2）构造缝。

①构造缝图像特征。

构造缝隙是除层理缝之后的又一重要的对石油富集有重要贡献的裂缝类型，预测构造缝的分布对寻找有利的石油富集区有重要意义。在成像测井图上，构造缝多为高角度缝或直劈缝，图像上表现为直立的线段或正弦（或余弦）曲线，高导缝颜色较背景色深，多为黑色—深褐色，高阻缝较背景色亮，多为黄色—白色（图 1-10）。

②岩心观察构造缝与成像测井解释对比。

利用裂缝成像识别标志对吉木萨尔 J27、J172、J174、J301、J302、J10004、J10016、J32_H、J36_H、JHW016、JHW017 等 34 口井上"甜点"层构造缝进行识别与统计，根据识别得到高导构造缝密度分布，高导构造缝密度平均为 0.23 条/m。其中，直井成像测井由于高角度裂缝钻遇率问题，各井构造缝密度差异很大；水平井对高角度裂缝识别程度较高，高导构造裂缝密度大于 0.27 条/m。

（3）其他地质体。

成像测井数据除了能识别高导缝、高阻缝、层理缝，还能识别井壁崩落、钻井诱导缝、地层界面、砂岩层系界面等地质特征。

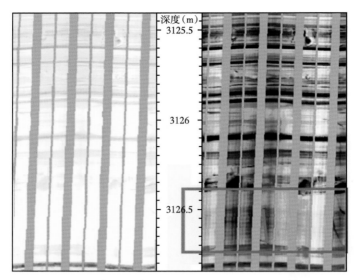

图 1-10　吉 174 井 3125.46~3126.44m 井段成像图

2）天然裂缝发育程度

（1）层理缝。

通过对成像测井识别层理缝结果进行分析，工区广泛发育层理缝，层理缝主要发育在泥质粉砂岩、泥岩中，明确层理缝裂缝发育程度与孔隙度吻合度（即岩性）较高，孔隙度区间范围为 0.02~0.35。

（2）构造缝。

通过对成像测井识别构造缝结果进行分析，在 J27 井、J172_H 井、JHW016 井、JHW034 井中识别有小断层，断层周围构造裂缝较发育，且天然裂缝产状与邻近断层产状一致，明确工区多发育呈条带状构造缝，沿井轨迹呈聚类分布。

3）天然裂缝产状

（1）成像测井分析。

通过对岩心观察、成像测井识别裂缝结果进行综合分析，工区细分各类型天然裂缝（高阻构造缝、高导构造缝、层理缝）产状如下。

高阻构造缝：方解石、碳质填充，走向主要为北东—南西向，部分井区可见北西—南东走向的裂缝。

高导构造缝：走向主要为北北西—南南东向，部分井区可见北北东—南南西走向的裂缝；

层理缝：与地层产状一致，倾向主要为北西向。

（2）构造期次分析。

声发射实验分析，明确工区二叠系页岩油储层发育 4 期构造裂缝，分别在印支期、燕山早期、燕山晚期和喜马拉雅早期构造作用下形成，其中第 4 期构造裂缝发育程度最高，充填程度最低，有效性也是最好的。芦草沟组生烃始于侏罗纪末期，白垩纪至今达到了生烃、排烃顶峰期，故燕山晚期和喜马拉雅早期的 2 期裂缝具有极其重要的通源性质。

高阻构造缝（充填缝）：走向主要为北东—南西向，这些被充填的裂缝可能产生于燕山早期。

高导构造缝：走向主要为北北西—南南东向，部分井区可见北北东—南南西向的裂缝，对应燕山晚期、喜马拉雅早期构造运动（北北西向）。

（3）各层系高导构造缝产状。

结合成像测井解释及测井分层数据，明确工区各层系高导构造缝产状特征，直井成像测井显示构造缝产状与所在层系水平井成像测井构造裂缝产状基本一致。

4. 天然裂缝分布主控因素

通过结合前人对研究区野外露头的观察和测量及最新成像测井解释成果，初步对研究区的裂缝分布规律进行描述。平面上，研究区构造缝发育主要控制因素为断层距离，呈负相关特征，断裂内部天然裂缝密集分布。

利用蚂蚁追踪的方式在三维地震数据体进行自动断层识别的方法，将隐藏于属性中的断层和裂缝清晰地展现出来，采用多元线性回归分析方法，明确工区构造缝发育主控因素为断层距离。

三、烃源岩特性

烃源岩特性是页岩油评价的关键指标之一，主要指标包括有机质丰度、有机质类型与有机质成熟度。

1. 有机质丰度

有机质丰度是评价烃源岩质量的重要指标，主要包括有机碳含量、岩石热解参数中的生烃潜量（S_1+S_2）、氯仿沥青"A"含量等参数，评价标准见表1-7。

表1-7　中国陆相烃源岩有机质丰度评价指标

指标	湖盆水体类型	非生油岩	生油岩类型			
			差	中等	好	最好
TOC（%）	淡水—半咸水	<0.4	0.4~0.6	>0.6~1.0	>1.0~2.0	>2.0
	咸水—超咸水	<0.2	0.2~0.4	>0.4~0.6	>0.6~0.8	>0.8
氯仿沥青"A"含量（%）		—	<0.015	0.015~0.050	>0.050~0.100	>0.100~0.200
S_1+S_2（mg/g）		—	—	<2	2~6	>6~20

有机碳含量指岩石中存在于有机质中碳的含量，不包括碳酸盐岩和石墨中的无机碳，它是衡量有机质丰度的指标之一。

泥岩类样品的TOC总体分布在0.57%~13.82%之间，均值6.11%；氯仿沥青"A"含量为0.0213%~1.1628%，均值0.3098%；生烃潜力S_1+S_2为0.46~76.21mg/g，均值15.23mg/g，主体属于好—最好烃源岩。

白云岩样品的TOC为0.55%~15.78%，均值3.07%；氯仿沥青"A"含量为0.0762%~

0.2332%，均值0.1576%；生烃潜力 S_1+S_2 为0.52～41.59mg/g，均值15.76mg/g，主体属于好烃源岩。

粉砂岩类样品的 TOC 为0.08%～2.26%，均值0.97%；氯仿沥青"A"含量为0.005%～0.1376%，均值0.0665%；生烃潜力 S_1+S_2 为0.18～8.05mg/g，均值1.68mg/g。从 TOC、氯仿沥青"A"含量来看，粉砂岩类属于中等烃源岩，但从 S_1+S_2 来看，属于差烃源岩，综合评价为差烃源岩。

2. 有机质类型

有机质丰度是生烃的物质基础，而有机质类型则是决定和影响生烃类型和数量的重要因素。氢指数（I_H）和干酪根有机元素比（O/C 和 H/C）可以反映有机质类型。有机质类型划分见表1-8，主要采用三类四分法。

泥岩类样品的含氢指数分布在47.22～780.86mg/g之间，平均313.70mg/g。白云岩样品的含氢指数分布在89.47～571.94mg/g之间，平均405.47mg/g。粉砂岩类中泥质粉砂岩样品的含氢指数分布在12.5～550.42mg/g之间，平均199.86mg/g。总的来看，二叠系芦草沟组烃源岩的母质类型主要为 II 型，粉砂岩类中的母质类型为 III、型 II_2 型。

表1-8　中国有机质类型划分表

项目	I 型（腐泥型）	II 型		III 型（腐殖型）
		II_1 型（腐殖—腐泥型）	II_2 型（腐泥—腐殖型）	
I_H（mg/g）	>700	700～350	<350～150	<150

3. 有机质成熟度

有机质的热演化是油气生成的关键因素，干酪根只有达到一定的演化程度才能大量生烃和排烃，R_o 和 T_{max} 是常用的成熟度判识指标。

二叠系芦草沟组烃源岩的 R_o 分布在0.78%～0.98%之间，已处于成熟阶段，随着深度的增加源岩的成熟度也增加，在凹陷深处其源岩的成熟度会更高。T_{max} 分布在436～460℃之间，反映出烃源岩进入低成熟—成熟演化阶段。

总体来看，吉木萨尔芦草沟组烃源岩类型多样，其中泥岩类的有机质丰度高，达到了好—最好烃源岩的标准，为一套优质的烃源岩，生烃潜力很大。

四、油藏特征

吉木萨尔凹陷二叠系芦草沟组页岩油具有"源—储共生"赋存特征，烃源岩厚度大，满凹连续分布。源—储匹配关系较好，主要发育芦二段（$P_2l_2^2$）和芦一段（$P_2l_1^2$）两套优质储层。

$P_2l_2^2$ 大面积发育，整体为受断层、烃源岩控制，没有边底水，大面积连续分布的源—储一体油藏（图1-11）。

1. 压力

吉木萨尔凹陷二叠系芦草沟组取得合格覆压资料2井2层、静压资料2井2层。根据测压资料（表1-9），建立了芦草沟组页岩油地层压力与海拔关系式。

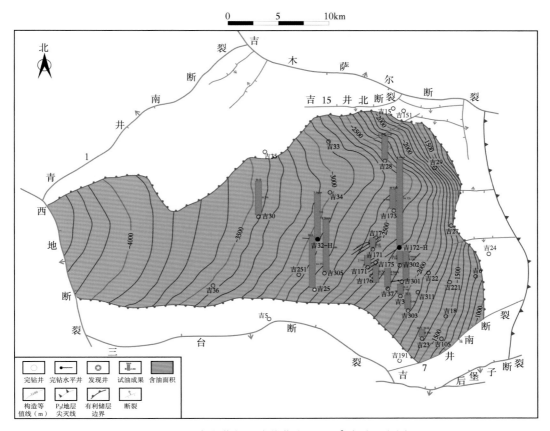

图 1-11　吉木萨尔凹陷芦草沟组 $P_2l_2^2$ 含油面积图

表 1-9　吉木萨尔凹陷二叠系芦草沟组页岩油测压数据表

井号	层位	个数	射孔井段 （m）	静压 （MPa）	覆压 （MPa）	试油结果
吉 171	$P_2l_2^2$	1	3074.0～3090.0、3090.0～3102.5	39.32		油层
吉 37	$P_2l_2^2$	1	2830.0～2841.0、2844.0～2849.0		36.77	油层
吉 172_H	$P_2l_2^2$	1	3150.9～4360.0		36.80	油层
吉 36	$P_2l_1^2$	1	4209.0～4255.0	49.54		油层

建立地层压力关系如下：

$$p_i = 18.50 - 0.00843H \tag{1-2}$$

式中：p_i 为原始地层压力，MPa；H 为油藏海拔，m。

2. 温度

根据吉木萨尔凹陷取得的 5 口井的温度资料，建立了地层温度与地层深度关系曲线，回归关系式如下：

$$t = 16.74 + 0.0234D \qquad (1-3)$$

式中：t 为地层温度，℃；D 为地层深度，m。

根据式（1-2）、式（1-3），计算出二叠系芦草沟组 $P_2l_2{}^2$ 地层压力、饱和压力、地层温度（表1-9）。

根据压力公式计算结果及所取的PVT资料，$P_2l_2{}^2$ 地层压力为40.84MPa，压力系数为1.31，饱和压力为7.58MPa，饱和程度为18.56%，油藏为未饱和油藏。

从油藏压力系数、饱和程度，结合试油、试采资料及油藏类型综合分析，油藏驱动类型为弹性驱动和溶解气驱。

根据油藏特征参数分析，$P_2l_2{}^2$ 页岩油属于异常高压、正常温度系统的未饱和油藏。

表1-10 二叠系芦草沟组 $P_2l_2{}^2$ 页岩油特征参数表

层位	油藏中部深度（m）	油藏中部海拔（m）	油藏高度（m）	油藏中部压力（MPa）	压力系数	饱和压力（MPa）	地饱压差（MPa）	饱和程度（%）	油藏中部温度（℃）	驱动类型	控藏边界
$P_2l_2{}^2$	3240	-2650	3400	40.84	1.31	7.58	33.26	18.56	92.63	弹性驱动溶解气驱	断层—地层

3. 地层原油性质

本区 $P_2l_2{}^2$ 页岩油取得1个合格PVT资料，根据资料分析，地层油密度0.8430t/m³，地层油黏度10.58mPa·s，地层压力下的体积系数1.060，溶解气油比17m³/m³（表1-11）。

对比油气藏流体性质划分标准，吉17井、吉37井区块 $P_2l_2{}^2$ 页岩油原油属于一般黑油。

表1-11 吉17井、吉37井区块二叠系芦草沟组页岩油原始原油体积系数表

井号	层位	分析结果						
		饱和压力（MPa）	体积系数		气油比（m³/m³）	压缩系数（10^{-3}MPa^{-1}）	地层油密度（t/m³）	地层压力下原油黏度（mPa·s）
			饱压下	地压下				
吉37	$P_2l_2{}^2$	3.95		1.060	17	0.8408	0.8430	10.58

4. 地面原油性质

吉17井已开发区块 $P_2l_2{}^2$ 取得6口井12个原油分析样品，地面原油密度0.8727~0.8963t/m³，平均0.8862t/m³；含蜡量8.60%~11.60%，平均10.03%；凝固点12~22℃，平均18.00℃。

吉174井未开发区块 $P_2l_2{}^2$ 取得1口井3个原油分析样品，地面原油密度0.8788~0.8874t/m³，平均0.8831t/m³；50℃黏度38.00~69.70mPa·s，平均52.13mPa·s；含蜡量13.10%~16.50%，平均15.10%；凝固点20~24℃，平均22.67℃。

吉171井已开发区块 $P_2l_2{}^2$ 取得7口井29个原油分析样品，地面原油密度0.8778~0.9325t/m³，平均0.8887t/m³；50℃黏度35.20~137.41mPa·s，平均62.20mPa·s；含蜡量

3.42%～21.15%，平均10.01%；凝固点4～32℃，平均19.45℃。

吉37井未开发区块 $P_2l_2{}^2$ 取得2口井8个原油分析样品，地面原油密度0.8823～0.9012t/m³，平均0.8882t/m³；50℃黏度40.00～94.05mPa·s，平均54.49mPa·s；含蜡量10.65%～15.55%，平均11.99%；凝固点18～30℃，平均22.47℃。

JHW025井已开发区块 $P_2l_2{}^2$ 取得1口井2个原油分析样品，地面原油密度0.8819～0.8835t/m³，平均0.8827t/m³；含蜡量10.80%～11.90%，平均11.35%；凝固点22～24℃，平均23.00℃。

JHW023井已开发区块 $P_2l_2{}^2$ 取得1口井1个原油分析样品，地面原油密度0.8866t/m³；含蜡量14.30%；凝固点28℃。

吉31井未开发区块 $P_2l_2{}^2$ 取得1口井2个原油分析样品，地面原油密度0.8864～0.8871t/m³，平均0.8868t/m³；50℃黏度50.70～51.60mPa·s，平均51.15mPa·s；含蜡量10.40%～11.50%，平均10.95%；凝固点20～24℃，平均22.00℃。

吉303井区块 $P_2l_2{}^2$ 取得1口井7个原油分析样品，地面原油密度0.8804～0.8888t/m³，平均0.8849t/m³；50℃黏度41.79～60.90mPa·s，平均50.75mPa·s；含蜡量10.70%～16.90%，平均15.23%；凝固点24～30℃，平均27.14℃。

外围区 $P_2l_2{}^2$ 取得7口井35个原油分析样品，地面原油密度0.8716～0.9032t/m³，平均0.8874t/m³；50℃黏度28.78～511.33mPa·s，平均80.00mPa·s；含蜡量6.60%～28.30%，平均14.55%；凝固点16～44℃，平均25.70℃（表1-12）。

表1-12　二叠系芦草沟组页岩油地面原油性质参数表

层位	区　块	平均密度（t/m³）	50℃平均黏度（mPa·s）	平均含蜡量（%）	平均凝固点（℃）	平均初馏点（℃）
$P_2l_2{}^2$	吉17井已开发区块	0.8862		10.03	18.00	100.24
	吉174井未开发区块	0.8831	52.13	15.10	22.67	109.00
	吉171井已开发区块	0.8887	62.20	10.01	19.45	115.40
	吉37井未开发区块	0.8882	54.49	11.99	22.47	131.75
	JHW025井已开发区块	0.8827		11.35	23.00	100.25
	JHW023井已开发区块	0.8866		14.30	28.00	140.00
	吉31井未开发区块	0.8868	51.15	10.95	22.00	105.25
	吉303井未开发区块	0.8849	50.75	15.23	27.14	104.36
	外围区	0.8874	80.00	14.55	25.70	135.50

第三节　吉木萨尔页岩油藏勘探开发概况

一、吉木萨尔页岩油勘探开发阶段

2017年采用"水平井+细分切割体积压裂"开始规模开发。其勘探开发历程共经历了四个阶段。

1. 探索发现阶段（2011 年）

2011 年 9 月 25 日，吉 25 井在芦草沟组二段 3425～3403m 井段试油，分层加砂压裂（压裂液 436m³，加砂 31m³），抽汲获日产油 18.25t，累计产油 264.94t，从而发现了吉木萨尔芦草沟组页岩油。

2. 开发试验阶段（2012—2014 年）

开展直井分层压裂合层开采、水平井大规模压裂提产试验。期间完钻探井、评价井 22 口，其中水平井 4 口。2013—2014 年，在吉 172_H 井区域以水平井+体积压裂的思路开辟先导试验区完钻水平井 10 口（水平段长度 1300～1800m）。10 口开发试验水平井初期日产油 5.9～40.8m³/d，有 5 口井累计产油量超过 8000t，平均单井累计产油量 7717t，提产试验取得了一定的效果。

3. 总结突破阶段（2015—2017 年）

2015—2016 年，部署实施吉 301 井、吉 302 井、吉 303 井，针对上"甜点"水平井钻井目标层开展了单层试油或产液剖面测试，日产油 3.69～7.39m³，结果证明粉—细砂岩层是水平井钻井目标层，物性与含油性决定油井产能。

2017 年，在上"甜点"体一类区部署实施 2 口水平井，Ⅰ 类油层钻遇率达到 92% 以上。采用水平井+细分切割体积压裂工艺，产量大幅提升，平均日产油 30.9～41.3m³。

4. 规模建产阶段（2018 年至今）

2018 年为进一步落实产能及合理部署参数，部署水平井 21 口，新建产能 15.75×10⁴t，其中井距试验水平井 13 口、外甩开发控制井侧钻水平井 8 口。

至 2019 年底，共完钻水平井 54 口，建产能 49.9×10⁴t；完钻评价井 19 口，试油 16 井 31 层，获油层 6 井 8 层（上"甜点" 5 井 7 层、下"甜点" 1 井 1 层），含油层 7 井 9 层。

截至 2019 年 12 月，累计完钻油井 153 口（直井 62 口、水平井 91 口），投产直井 37 口、水平井 54 口。开井 51 口（直井 5 口、水平井 46 口），全区日产液 2186t，日产油 692t，含水 68.4%，年产油 14.62×10⁴t，累计产油 35.87×10⁴t。

二、前期开发认识

1. 页岩油井压裂后延长焖井时间试验取得良好效果

2013—2014 年开发试验区油井与 2012 年采取水平井+体积压裂方式投产获得高产油流的吉 172_H 井生产效果差异大。分析认为，页岩油水平井产油量与 Ⅰ 类油层钻遇率正相关，与压裂工艺有关，同时也与见油时的油压正相关，见油时与累计退液百分数负相关。吉 251_H 井初期砂堵关井 77 天，冲砂后开井含水比从 100% 下降至 20%，并长期低含水生产，跨越了含水比逐步下降的过程，每米预测产油量高，油量递减小，压裂液增能和置换效果明显。研究认为：（1）吉木萨尔页岩油天然裂缝不发育、两向应力差大，压裂形成复杂缝网难度大，裂缝切割后岩块体积大，加上孔喉比大，启动压力梯度高，压裂后需长时间焖井，才能增加压裂液进入岩块的深度，达到增能与置换目的；（2）储层整体为中性—弱亲油的润湿性，压裂液与储层长时间接触，可使岩石润湿性反转，从而增加地层对压裂液的吸附；（3）吉木萨尔页岩油原油黏度高，原油黏度与温度敏感性较强，延长压裂后焖井时间可恢复因大量压裂液进入地层造成的温度降低，减少冷伤害。通过经验公式法、室内试验数据法、现场观察法等确定了合理的焖井时间。吉木萨尔页岩油延长压裂后焖井时间取得显著效果，有力推动了页岩油有效动用。

2. 页岩油储层关键参数的解释方法研究

明确了页岩油"甜点"对应的参数特征，并预测了不同类型"甜点"的空间展布规律。形成了一套基于常规曲线的岩性、储层参数及岩石力学解释方法，能有效降低页岩油储层评价对核磁共振测井和成像测井等依赖，降低页岩油建产成本；同时，从地质和工程因素两方面重新认识、建立页岩油层分级评价方案，预测其空间分布，能够为芦草沟组页岩油后续规模有效开发提供技术支撑，降低风险，主要认识如下。

(1)针对芦草沟组岩性复杂、频繁交互、常规岩性识别方法精度低的问题，通过常规测井曲线组合，提取出分别反映岩石骨架密度信息、粒度和渗透性的三个敏感组合参数，进而实现六类主要岩性的测井精细识别，并分白云岩类、砂岩类和泥岩类分别建立黏土含量、孔隙度及渗透率、含油饱和度的解释模型，提高了该区页岩油储层参数解释精度。

(2)页岩油样品以纳米级孔隙和孔喉占主导，发育七类孔隙(以溶蚀孔、晶间孔为主)和三种孔喉连通关系(大孔—细喉、短导管状、树形孔隙网络)，物性明显受孔径/孔喉大小控制，随物性变差，粒间孔及粒间溶蚀孔比例降低，晶间孔明显增多。不同类型储层在孔隙类型、孔喉连通关系等方面具有明显差异。

(3)结合研究区地质特征及源—储组合关系，认识到页岩油充注的孔喉半径下限应该不大于15nm，发现半径大于15nm的孔喉比例与含油饱和度具有明显对应关系，相关性好于最大孔喉半径、孔隙度等参数。

(4)可动孔隙大小对页岩油产能影响较大，利用束缚水状态下饱和油驱替实验能较合理地反映页岩油的可动性，可动比例分布范围宽，明显受孔径分布及黏土含量影响。根据含油性、可动油丰度，将页岩油储层划分为三类。

(5)对芦草沟组储层进行岩石力学及可压性评价，不同岩性之间脆性存在明显差异，砂屑云岩、云质砂岩、微晶云岩具有较好的脆性，粉细砂岩、泥晶云岩脆性中等，泥岩脆性较差。脆性越好，压裂越容易形成复杂缝网、更多动用油层。

(6)根据可动孔隙度、可动油层厚度、可动油丰度等影响页岩油产能的主要因素，圈定上"甜点"$P_2l_2^{2-1}+P_2l_2^{2-2}$有利区为35.4km²，可动储量2464×10⁴t，上"甜点"$P_2l_2^{2-3}$有利区为25.9km²，可动储量1329×10⁴t，下"甜点"$P_2l_2^{2-1}+P_2l_2^{2-2}+P_2l_2^{2-3}$有利区为139km²，可动储量8243×10⁴t。

3. 地质工程一体化研究

明确了影响页岩油产能的主控因素，建立了页岩油体积压裂水平井产能评价模型。

(1)可动油孔隙度、可动油饱和度、可动油层厚度、可动储量丰度是决定水平井产能的核心地质因素，为吉木萨尔页岩油规划、开发方案的编制实施提供指导。

(2)应用微地震监测技术，定性、定量描述人工裂缝参数，证实压裂液配方体系、压裂缝网的复杂程度是影响产能的重要工程因素，应依据可动储量丰度设计簇间距、压裂液用量和加砂强度。

（3）室内实验与现场测试相结合，优化合理焖井时间和排采制度，兼顾初期产能和累计产油量。增加焖井时间可以缩短见油时间，加快含水比下降速度，合理的排采制度有助于页岩油井产能的最大提升。

（4）创新提出采用"缝控储量"表征水平井产能：在人工裂缝参数描述基础上，结合产能主控因素研究成果，将地质和工程参数有机结合，引入"缝控储量"概念表征压裂水平井的生产潜力，并建立缝控储量模型。利用压裂水平井一年期累计产油与单井缝控储量呈线性关系，以此建立水平井一年期产量预测模型。应用该模型预测页岩油上、下"甜点"水平井一年期累计产油分布，结合经济极限评价结果，确定了现有技术经济条件下的效益开发部署区。

4. 老井重复压裂取得初步成功

通过地质工程一体化研究，明确了吉木萨尔页岩油水平井重复压裂造新缝的机理，通过创新压裂工艺，优化射孔井段和压裂规模，暂堵转向"甜点"选择压裂施工，进一步实现了井控储量向缝控储量的转变，有效提高了老井产量和储量动用程度。

（1）页岩油水平井老井前期改造规模有限，井均压裂液用量 16755m³，加砂量 1230m³，缝间距较大（平均 82m），产能未完全释放，累计井均日产油量仅有 6.3t。2017 年，JHW023 井、JHW025 井采用密切割体积压裂大幅提高储层动用体积，平均段间距 46m，缝间距 15m，较先导试验水平井在相同改造长度内裂缝数量增加 55%，生产效果取得明显突破，自喷期井均日产油达到 30.0t。

（2）立足密切割体积压裂理念，通过开展地质工程一体化研究，运用多级暂堵重复压裂技术，提出暂堵压裂改造方案，工艺创新，在准东地区首次实现裸眼完井管柱的水平井重复压裂，钻磨滑套后补射孔，实现全通径压裂施工；多粒径暂堵剂组合，实现水平井缝间、缝内转向，实现"甜点"选择压裂，扩大泄油面积，提高老井产量。老井重复压裂提产效果明显，目前已实施 5 口井，开井 3 口，累计增油量 5181t。

（3）优化压裂规模，大幅提高储量动用程度。施工排量由首次压裂的 8~10m³/min 提升至 13~14m³/min，增加人工裂缝复杂程度；加砂强度由首次压裂的 0.9m³/m 提高至 3.7m³/m，高砂比施工，增大改造体积；多粒径支撑剂组合，达到人工裂缝与地层渗透率匹配。

5. 开展了页岩油水平井开发井距试验

为落实油藏潜力，探索水平井合理开发方式，2017 年编制了《吉木萨尔凹陷芦草沟组页岩油吉 303 井—吉 305 井区开发试验方案》，开展了水平井不同井距开发试验。其中 JHW031 水平井—HW036 水平井井距为 200m，水平段长度 1800m；JHW041 水平井—JHW045 水平井井距为 260m，水平段长度主体为 1500m。实施效果来看，200m 井组试验水平井（JHW031—JHW036）生产效果较好，自喷阶段峰值日产量 28.9~93.5t，阶段平均日产油 17.1~36.3t。其中 JHW033 井、JHW034 井、JHW035 井转抽后，日产油分别为 14.6t、12.5t、28.2t，保持了较稳定的生产能力；260m 井组试验水平井（JHW041—JHW045）日产油 0.3~20.6t，含油率 3.1%~29.1%，高含水返排阶段较长，整体效果较差。此外，200m 水平井井距压裂时并没有表现出比 260m 井距井间干扰更严重情况。总的来看，200m 井距是合适的。

第二章　吉木萨尔页岩油赋存状态

页岩油是泥页岩地层所生成的原油未能完全排出而滞留或仅经过极短距离运移而就地聚集的结果，属于典型的自生自储型原地聚集油气类型。页岩油所赋存的主体介质是曾经有过生油历史或现今仍处于生油状态的泥页岩地层，也包括泥页岩地层中可能夹有的致密砂岩、碳酸盐岩，甚至火山岩等薄层。它是以游离态（含凝析态）、吸附态及溶解（可溶解于天然气、干酪根和残余水等）态等多种方式赋存于有效生烃泥页岩地层层系中，且具有勘探开发意义的非气态烃类。

吉木萨尔凹陷二叠系芦草沟组地震、录井、测井及分析化验资料综合分析表明，芦草沟组具有厚度大、分布范围广的优质烃源岩；滨浅湖环境下形成的"甜点"体在横向、纵向上展布范围较大；烃源岩、"甜点"体交互沉积，"甜点"与致密层的互层式展布为连续型页岩油藏的成藏与保护起到了关键作用。由于页岩油储层岩石类型复杂，储层物性低，孔隙度与渗透率相关性差，孔喉结构复杂，纳米级孔喉发育，仅仅利用宏观物性（孔隙度、渗透率）不能很好地表征页岩储层的储集性能。本章充分利用宏观物性、铸体薄片、高压压汞、恒速压汞等多种测试方法，在吉木萨尔凹陷芦草沟组岩石类型的约束下，从宏观与微观上系统分析页岩油储层的孔喉结构特征，实现对页岩油储层微观孔喉结构的精细刻画，采用核磁共振技术对页岩储层中流体的可动性进行评价。

第一节　基于微观孔隙结构的物性分级评级方法

一、页岩成储下限确定

1. 含油性评价方法

1）含油产状法

根据储层产油能力的不同，可将岩心的含油产状划分为饱含油、油浸、油斑、油迹、荧光等级别；其中不同级别的油层产能不同，通常可将储层划分为工业油层（通常显示为饱含油、油浸或油斑）、低产油层（通常显示为油斑或油迹）和干层（荧光）等。

吉木萨尔凹陷芦草沟组页岩油储层中，粉砂岩、碳酸盐岩和泥岩均有油气显示，综合不同岩性的含油显示级别，确定页岩油储层的孔隙下限位 5.2%（图 2-1）。

2）水膜厚度法

页岩油储层成储下限反映的是其能够允许油气分子通过的最小孔喉半径。然而，地下岩石孔喉表面往往表出现一定的润湿性，亲油孔喉表面表现为油润湿，而亲水孔喉表面表现为水润湿。由于油润湿或水润湿的存在使得岩石孔喉表面附着一层油膜或者是水膜，当

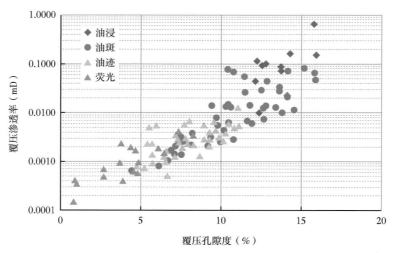

图 2-1　页岩油储层含油显示级别物性图版

岩石孔喉表面油膜或水膜厚度等于孔喉半径时，孔喉内的流体将受到油膜或水膜的阻碍而难以流动，此时的油膜或水膜厚度称为临界油（水）膜厚度，该厚度对应的孔喉半径即为碳酸盐岩成储的最小孔喉半径。因此，页岩油储层的成储下限确定的关键为页岩油储层孔喉表面吸附油膜或水膜厚度的确定。

在液—固两相体系的界面上存在一层紧贴固相表面且与体相水有显著不同的水称为吸附水膜。页岩储层中的水在孔喉表面同样可以形成吸附水膜，吸附水膜的存在会降低有效孔喉半径，影响储层流体渗流。页岩储层中黏土矿物含量高时，岩石表现为更强的亲水性，理论上黏土矿物等亲水性矿物颗粒表面自内向外依次分布强结合水、弱结合水和自由水。强结合水即吸附水膜，是单独的水分子状态围绕在黏土矿物等亲水矿物颗粒表面，其由受静电引力和范德华力的作用，不受重力影响，也没有溶解能力和传递静水压力的能力。当孔喉半径等于吸附水膜厚度时，相应的孔喉及其控制的孔隙空间内的流体将难以流动，成为束缚流体。

在地层条件下，亲水性矿物颗粒表面吸附水膜受到垂直指向矿物颗粒表面的地层压力（p_i），以及与其相反的分离压力（p_d）和毛管压力（p_c）（忽略水膜的重力）作用（图 2-2）。对吸附水膜受力分析可知：

$$p_d = p_i - p_c \qquad (2-1)$$

$$p_c = 2\sigma\cos\theta/r \qquad (2-2)$$

$$p_d = 2200/h^3 + 150/h^2 + 12/h \qquad (2-3)$$

式中：σ 为液固界面张力，N/m；r 为孔喉半径，μm；θ 为岩石矿物颗粒表面润湿角，（°）；h 为吸附水膜厚度，μm。

根据孔喉半径与吸附水膜厚度的关系，可建立不同地层压力下碳酸盐岩页岩储层表面临界水膜厚度。在石油中，烷烃分子的直径最小为 0.48nm，环己烷分子直径为 0.54nm，杂环结构的分子直径为 1~3nm。本次研究选取石油分子的直径为 0.5nm。孔喉直径不小于水膜厚度与分子直径的和是石油运移进入页岩储层的前提，因此页岩储层成藏的孔喉下限值即为水膜厚度与石油分子直径的和。

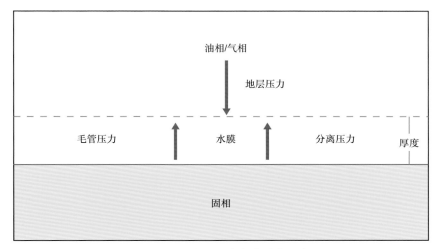

图 2-2 颗粒表面吸附水膜受力示意图

2. 含油性下限确定

根据地层压力，通过水膜厚度与喉道半径图版（图 2-3），可以将水膜厚度确定。

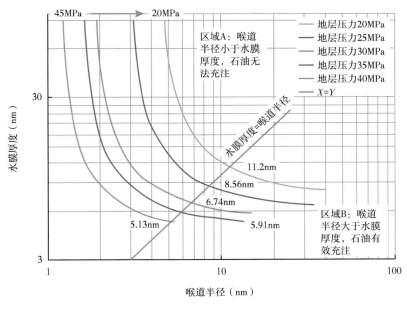

图 2-3 水膜厚度与喉道半径图版

确定水膜厚度为 4.7nm，对应孔隙度为 4.36%（表 2-1）。

表 2-1　不同样品水膜厚度及孔隙度下限

井号	井深 （m）	岩性	岩石密度 （g/cm³）	束缚水核磁 共振饱和度 （%）	BET 比 表面积 （m²/g）	地层压力 （MPa）	临界束缚 水膜厚度 （nm）	孔隙度 下限 （%）	渗透率 下限 （mD）
J176	3026.61	粉砂质泥晶白云岩	2.40	39.70	1.04	39.65	5.10	4.51	0.007597
J176	3044.97	粉砂质泥岩	2.34	66.56	2.37	39.89	5.06	5.92	0.010757
J37	2865.75	灰质粉砂岩	2.45	79.67	1.51	37.54	5.42	3.52	0.005948
J10016	3456.50	泥晶白云岩	2.45	84.75	2.13	45.28	4.39	3.78	0.006343
J10016	3472.60	白云质泥岩	2.39	77.38	2.53	45.49	4.37	4.77	0.008103
J10016	3475.70	泥质粉砂岩	2.28	68.10	1.67	45.53	4.36	3.41	0.005802
J10016	3296.10	粉砂岩	2.17	40.11	1.21	43.18	4.63	4.24	0.007115
J10022	3469.90	白云质粉砂岩	2.23	36.20	1.05	45.46	4.37	3.97	0.006656

综合产状法和水膜厚度法，确定吉木萨尔凹陷芦草沟组页岩油储层的孔隙度下限为 5%。

二、孔隙分区

目前对于页岩孔隙空间的划分，通常采用两类方案：1966 年由 Hodot 提出的煤孔隙系统的分类方案及 1972 年国际纯粹与应用化学联合会（IUPAC）提出的孔隙划分方案。Hodot 将煤孔隙系统划分为四类：微孔（<10nm）、小孔（10~100nm）、中孔（100~1000nm）及大孔（>1000nm）；IUPAC 将多孔介质的孔隙划分为：微孔（<2nm）、介孔（2~50nm）和宏孔（>50nm）。但是页岩储层在孔隙结构、矿物组成及热演化等方面与煤岩有明显差别，更不同于化学合成材料，因此，上述两种分类方案是否适用于页岩储层还有待商榷。本书基于高压压汞实验结果，利用分形理论对该区页岩储层孔隙空间进行分区，进而指导储层类型划分。

对该区的 48 块页岩油样品的压汞曲线进行观察，发现在 0.98MPa、7.35MPa、49.00MPa 这 3 个进汞压力点附近普遍存在进汞的拐点（图 2-4），根据 Laplace-Washburn 方程，这 3 个拐点对应的孔喉半径分别为 750nm、100nm、15nm。据前人研究，孔隙在一定尺度范围内具有自相似性，且不同尺度的孔隙具有不同的分形维数，因此可利用分形理论来验证上述拐点是否可以作为孔隙分区的界限。

分形通常被定义为一个粗糙或零碎的几何形状，可以分成数个部分，且每一部分都（至少近似）是整体缩小后的形状，即具有自相似的特征。

基于分形理论，进汞饱和度 S_{Hg}、p_c 和分形维数 D 之间存在关系如下：

$$\lg(1-S_{Hg}) = (D-3)\lg p_c - (D-3)\lg p_{cmin} \tag{2-4}$$

式中：S_{Hg} 为进汞饱和度，%；p_{cmin} 为最大孔喉半径所对应的毛管压力，MPa，为一个定值。

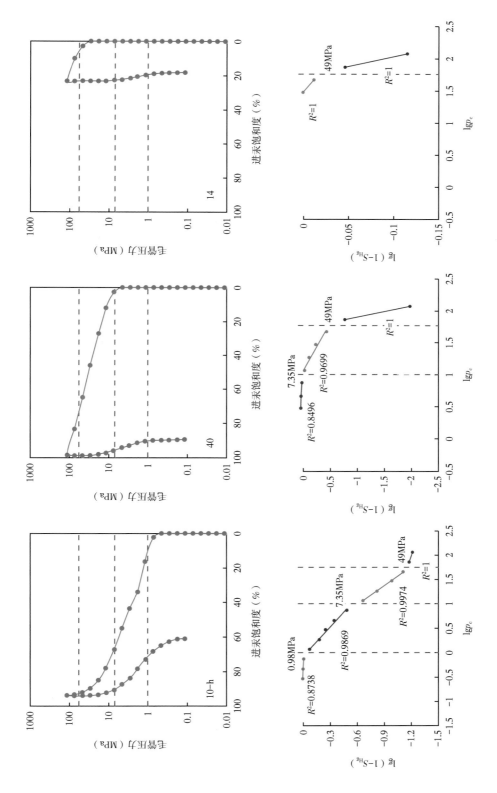

图 2-4　芦草沟组页岩油储层压汞曲线拐点及分形特征

　　如图 2-4 所示,在 $\lg(1-S_{Hg})$—$\lg p_c$ 双对数坐标系中,页岩油样品的压汞曲线呈现分段直线,说明页岩储层孔隙空间具有多重分形特征,分形交点与压汞曲线的 3 个拐点对应进汞压力基本一致。这也说明利用高压压汞曲线得出的 3 个拐点将页岩孔隙空间划分为四个区间是合理的,同一个区间内的孔喉对应同一个分形维数,而不同区间之间分形维数差异较大,对应不同的孔喉类型及组合关系。基于铸体薄片和场发射扫描电镜可知,大孔(直径>1500nm)主要对应粒间孔和粒间溶蚀孔等孔隙类型,中孔(直径 200~1500nm)主要对应粒间溶蚀孔和粒内溶蚀孔,小孔(直径 30~200nm)主要对应粒内溶蚀孔和晶间孔,微孔(直径<30nm)主要对应黏土晶间孔。

三、页岩储层物性分级

　　根据不同区间孔喉含量将储层划分为 I—IV 类储层和无效储层(图 2-5b),同时确定相应物性界限(孔隙度、渗透率和进汞饱和度为 50% 时的孔喉半径 R_{50}),进一步提高物性分级的合理性及实用性。I 类储层以中孔和小孔为主,其中中孔最多,在 28.31%~65.28% 范围内,均值为 49.47%,大孔和微孔的含量低,均值在 10% 以下,该类页岩油储层具有相对较高的孔隙度(范围为 9.40%~14.61%,均值为 13.21%)和渗透率(范围为 0.0081~1.3200mD,均值为 0.4mD),R_{50} 较大(范围为 0.14~0.39μm,均值为 0.21μm);II 类储层以中孔和小孔为主,但小孔最多,范围在 4.47%~80.97% 之间,均值为 46.57%,相较 I 类储层微孔变多、大孔变少,该类样品具有相对较高的孔隙度(范围 9.36%~16.22%,均值为 14.24%)和较低的渗透率(范围为 0.02~0.11mD,均值为 0.05mD)的特征,R_{50} 较 I 类储层小(范围为 0.03~0.10μm,均值 0.07μm);III 类储层:以小孔为主,范围为 26.37%~94.54%,均值为 71.84%,大孔、中孔和微孔都较少,孔隙度中等(范围为 8.9%~16.1%,均值为 11.5%),渗透率较低(范围为 0.02~0.14mD,均值为 0.05mD),R_{50} 较 II 类储层更小(范围为 0.03~0.07μm,均值 0.04μm);IV 类储层以小孔(范围 25.93%~76.52%,均值 51.41%)和微孔(范围 22.23%~57.11%,均值为 45.17%)为主,几乎不含有大孔和中孔,孔隙度(范围为 4.2%~7.9%,均值为 5.7%)和渗透率(范围为 0.0036~0.0195mD,均值为 0.02mD)很低,R_{50} 更小(范围为 0.01~0.03μm,均值 0.02μm);无效储层以微孔为主,在 49.75%~97.26% 范围内,均值为 75.1%,孔隙度很低(范围为 0.80%~8.89%,均值 4.14%),渗透率普遍较低,个别样品由于裂缝存在较大渗透率(范围为 0.0019~0.5768mD,均值为 0.07mD),R_{50} 最小(范围为 0.007~0.016μm,均值为 0.01μm)。

　　整体趋势,由 I 类储层到无效储层,大孔和中孔的含量逐渐降低,孔隙度和渗透率变小,R_{50} 减小。将不同类型储层样品投入渗透率—孔隙度关系图中,制作图版(图 2-5a),确定了各类储层的孔隙度界限(I 类储层:>14%;II 类储层:12%~14%;III 类储层:8%~12%;IV 类储层:5%~8%;无效储层:<5%)和渗透率界限(I 类储层:>0.080mD;II 类储层:>0.014mD;III 类储层:>0.014mD;IV 类储层:>0.005mD;无效储层:<0.005mD)。

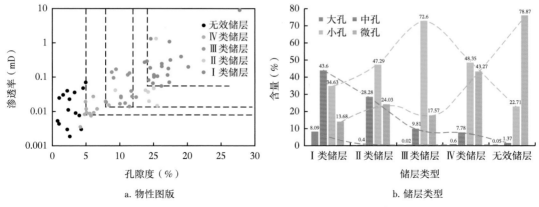

a. 物性图版

b. 储层类型

图 2-5　吉木萨尔凹陷芦草沟组页岩油储层类型及分级图版

四、页岩储层物性分级评价

（1）Ⅰ类储层：压汞曲线多为弱平台状，粗歪度，孔隙大小分选性好。核磁共振显示 0.21μm 和 3.77μm 左右两个峰值，以粒间孔和粒间溶蚀孔为主（图 2-6a、b）。岩性主要为砂屑云岩和长石砂岩。

（2）Ⅱ类储层：压汞曲线多为陡直线状，粗歪度，孔隙大小分选性差。核磁共振显示在 0.21μm 左右处有峰值（图 2-6c、d）。岩性主要为云质粉砂岩和泥质粉砂岩，其次为泥晶云岩。

（3）Ⅲ类储层：压汞曲线多为缓直线段，细歪度，孔隙大小分选性好。核磁共振显示在 0.15μm 左右处有峰值（图 2-6e、f）。岩性主要为（云质、泥质）粉砂岩、泥晶云岩和硅质页岩。

（4）Ⅳ类储层：压汞曲线多为缓直线状和上凸形，细歪度，孔隙大小分选性好。核磁共振显示在 0.07μm 左右处有峰值（图 2-6g、h）。岩性主要为泥晶云岩及少量（云质、灰质、泥质）粉砂岩。

（5）无效储层：压汞曲线多为上凸状，细歪度，孔隙大小分选性差。核磁共振显示在 0.03μm 左右处有峰值（图 2-6i、j）。岩性主要为云质泥岩、泥晶云岩。

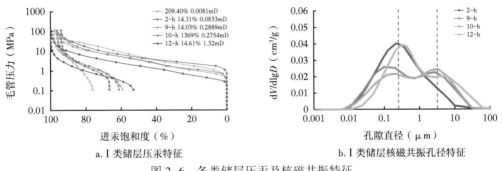

a. Ⅰ类储层压汞特征

b. Ⅰ类储层核磁共振孔径特征

图 2-6　各类储层压汞及核磁共振特征

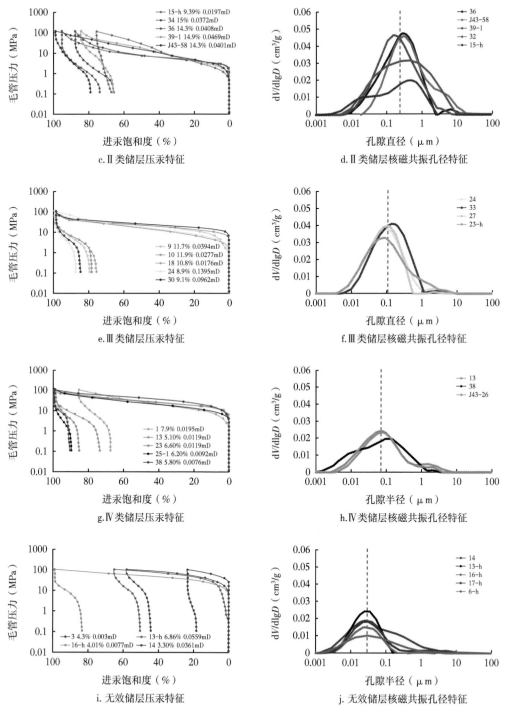

图 2-6　各类储层压汞及核磁共振特征（续）

第二节 页岩油储层含油性评价及分级

一、充注孔喉下限的厘定

充注孔喉下限指地质条件下油从烃源岩注入储层所能达到的最小喉道直径，通常用于源—储紧邻型致密油储层，但对于该区芦草沟组，原油也存在着短距离充注，烃类能否充注、充注多少，这决定着页岩油的丰度。充注孔喉下限受储层内在特征、烃源岩特征、原油性、埋藏深度和埋藏历史的综合影响，本书从流体受力的角度研究页岩油充注，分析充注孔喉下限与流体力学作用之间的关系，结合源储界面和储层内部充注过程满足的力学条件，计算吉木萨尔凹陷芦草沟组页岩油充注孔喉下限，同时结合新鲜含油样品洗油前后孔径对比，对其验证，为含油性评价提供理论依据。

石油充注主要由流体力学作用控制，源—储界面附近页岩油充注动力以生烃增压为主。毛管压力为页岩油注入储层的主要阻力，界面张力越大则阻力越大；地层破裂压力通过约束充注动力而影响充注过程，进而控制充注孔喉下限，其充注模型如图2-7所示。因此，充注动力、毛管阻力、地层破裂压力是页岩油充注的主要流体力学影响因素，将直接影响页岩油充注孔喉下限。由于吉木萨尔凹陷芦草沟组属于源—储一体、源—储互层的成藏模式，单油层的厚度很薄，源—储叠置频繁，故页岩油充注动力以生烃增压为主。

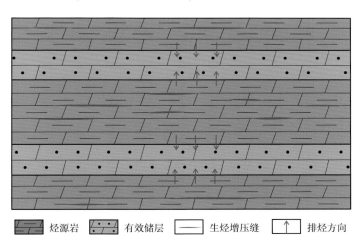

图 2-7 芦草沟组原油充注模型

1. 主要流体力学表征

1）生烃增压

烃源岩生烃增压是因为高密度的干酪根转化成低密度的油和气而使孔隙流体发生膨胀的结果，因此干酪根生气及原油裂解成气作用被认为是可以使含油气盆地形成大规模超压的主要成因机制。页岩油从烃源岩排出后注入储层受生烃增压驱动。生烃增压越大，原油注入源—储界面附近储层中小孔喉的能力越强，页岩油充注孔喉下限越小；反之亦然。根据干酪根生油和地层压实机理，生烃增压理论计算模型为：

$$p_g = \frac{FI_HM_k[aD(1-p_hC_o)-1]}{C_wV_{wl}p_k + (1-YF)C_kM_k + aYFDM_kC_o} \quad (2-5)$$

其中：
$$Y = I_H \times 1000$$

式中：p_g 为生烃增压，Pa；F 为干酪根生烃转化率，%；M_k 为干酪根质量，kg；a 为石油残留系数，无量纲；D 为干酪根与油的密度比，无量纲；p_h 为静水压力，Pa；C_w、C_o 和 C_k 为水、油、干酪根的压缩系数，Pa^{-1}；V_{wl} 为孔隙水体积，m^3；ρ_k 为干酪根密度，kg/m^3；I_H 为含氢指数。

2）充注阻力

页岩油充注受毛管压力、黏滞力、惯性力阻碍，其中，黏滞力和惯性力分别因页岩油黏度低和排油速度低而忽略不计。因此，源—储界面页岩油的充注阻力只考虑毛管压力。毛管压力越大，阻碍页岩油充注的能力越强，充注孔喉下限越大。根据 Young-Laplace 方程，毛管压力计算公式为：

$$p_c = \frac{2\sigma\cos\theta}{r} \quad (2-6)$$

式中：p_c 为毛管阻力，Pa；σ 为界面张力，mN/m；θ 为润湿角，（°）；r 为孔喉半径；

3）充注过程受力分析及模型建立

页岩油充注受到充注动力、毛管阻力、地层破裂压力共同影响。充注动力（p_d）超过毛管阻力时，充注发生，因此页岩油充注条件为：

$$p_r \geqslant p_c \quad (2-7)$$

结合 Young-Laplace 方程，页岩油在一次充注过程中可进入的最小孔喉直径 d_{min} 为：

$$d_{min} = 2r_{min} = 4\sigma\cos\theta/p_d \quad (2-8)$$

一般而言，对于一个区块的某一油层组，流体性质较稳定，油水界面张力近似恒定。因此，页岩油某一次充注，充注动力越大，可进入的孔喉越小。实际地质历史中，页岩油多次充注，源—储界面附近的充注孔喉下限由充注史上烃源岩最大生烃增压决定。生烃增压最大时，储层内部充注平衡对应的状态压力也最大，储层内部页岩油充注孔喉下限由充注史上最大状态压力决定。充注史上最大生烃增压因排油模式不同而不同，生烃增压与生油转化率的关系表明：连续排油最大生烃增压由烃源岩最大埋深时生油转化率决定。生烃增压与地层破裂压力关系表明：地层破裂压力随埋深增加而增加，故幕式排油最大生烃增压由烃源岩最大埋深时地层破裂压力决定。因此，源—储界面附近充注孔喉下限均可分为地层破裂与地层未破裂两种情况，概括为：

当最大埋深生烃增压孔隙流体压力 p_{pmax} 小于地层破裂压力 p_{fmax}，即 $p_{pmax} < p_{fmax}$ 时，页岩油连续充注。烃源岩最大埋深时生油转化率最大，因此充注史上最大充注动力在烃源岩最大埋深时取得。

当最大埋深生烃增压孔隙流体压力大于地层破裂压力，即 $p_{pmax} \geqslant p_{fmax}$ 时，幕式注油。

最大埋深时，烃源岩和储层地层破裂压力最大，因此充注史上最大充注动力为最大埋深地层破裂压力与地层压力之差。

2. 参数厘定

吉木萨尔凹陷芦草沟组云岩、砂岩等夹层与大套泥岩互层叠置，构成"自生自储"的配置关系，干酪根类型以Ⅰ型、Ⅱ₁型为主，根据该区的实际情况，选取岩石密度为 $2450kg/m^3$，TOC 取值 5%，利用盆地模拟计算地层因素 F 为 69%，烃源岩孔隙度为 1%，a 为 0.85，干酪根与原油的密度比值 1.49，埋深取值 3600m，含氢指数取值 600mg/g，水、油、干酪根的压缩系数分别为 $0.00044MPa^{-1}$、$0.0023MPa^{-1}$、$0.0014MPa^{-1}$，干酪根密度 $1300kg/m^3$，泊松比 0.3，杨氏模量 $2×10^4MPa$，地层压力系数 1.37，抗张强度 16.3MPa，油水界面张力取 31.5mN/m。经计算，芦草沟组烃源岩静水压力为 35.98MPa，生烃增压 28.72MPa，生烃增压造成的孔隙流体压力为 63.71MPa，而研究区泥页岩计算得到地层破裂压力为 53.65MPa，小于生烃增压造成的孔隙流体压力，岩层发生破裂，故最大的原油充注动力为泥页岩的地层破裂压力，最终确定原油充注的孔喉下限直径为 29.12nm，对应孔喉半径约 15nm。

3. 对比实验验证

从 J10016 井和 J10022 井中选取 6 块新鲜页岩样品，对比洗油前后页岩样品孔径变化，直观揭示含油孔径的分布。6 块样品包括粉砂岩、碳质泥岩、泥晶白云岩三种岩性，含油显示为油浸和荧光。具体实验步骤为：首先测量 6 块样品的热解参数（S_1、S_2、S_3），确定残留烃及热解烃量，将新鲜样品进行粉碎，真空脱气 12 小时（40℃），以除去多余水分和杂质气体，利用 ASAP2460 孔径测量仪进行低温氮气吸附测试；然后将粉碎样品进行洗油（20 天），再次进行低温氮气吸附测试。通过上述实验得出以下认识：

（1）洗油前后，所有样品的氮气最大吸附量明显增加（图 2-8、图 2-9），说明新鲜页岩样品的孔隙空间被流体所占据。低温氮气吸附增加量与 S_1、S_2 均呈明显正相关，这说明新鲜页岩样品的孔隙空间中赋存有残留烃。正是残留烃的存在，导致洗油前后氮气吸附量发生改变。

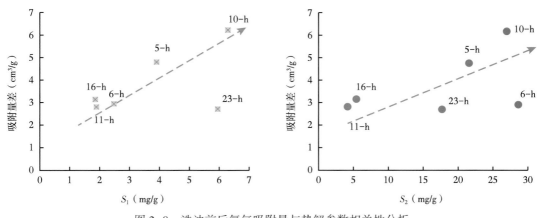

图 2-8 洗油前后氮气吸附量与热解参数相关性分析

（2）基于 DFT 模型，计算得到洗油前后页岩样品的孔径分布（图 2-9）。通过对比发现，当孔径大于 6nm 时，洗油后孔径出现缓慢增大，当孔径达到 30nm 时，孔体积增加量接近于极大（5-h 样品），因此可推断，页岩油充注的孔喉直径下限应该在 6~30nm 之间。

综合理论计算和实验对比两种方法，最终确定芦草沟组页岩油储层的孔喉直径下限为 30nm，对于孔喉直径大于 30nm 的空间，油会大量充注聚集成藏，而孔喉直径小于 30nm 时，基本不会发生大规模充注。

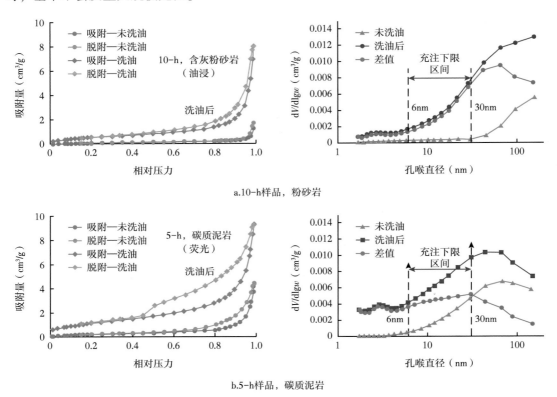

a.10-h样品，粉砂岩

b.5-h样品，碳质泥岩

图 2-9　洗油前后低温氮气吸附实验及孔径分布对比

二、页岩油赋存特征评价

泥页岩孔喉以微米—纳米级尺度为主，泥页岩油在其中的赋存量、赋存状态、赋存孔径范围不仅是赋存机理的重要研究内容，也是泥页岩油是否可动、多少可动的重要影响因素。

该区页岩油赋存状态可分为游离态和吸附态两种形式，其中吸附态油基本不可动。前人通过微米级 CT、场发射扫描电镜等手段观察到游离态油呈现连续赋存形式，主要分布在孔隙和裂缝中，而吸附态油多呈薄膜型吸附在颗粒或有机质表面。本书利用核磁共振手段和激光共聚焦技术对该区页岩油赋存特征进行了定量评价，揭示新疆油田芦草沟组高黏度、低流度型页岩油赋存特征。

1. 核磁共振评价原油赋存状态

通过对饱和油样品进行不同转速的离心实验，实现页岩油赋存状态的评价。在离心过程中，往往不知道离心设备所获得的离心压差 Δp 是否足以去除岩心中的所有游离油，随着离心力的增大，作用在孔隙内流体上的驱动压力增大，可以克服小孔隙中较大毛管压力，赋存在较小孔隙中游离态油也可被排出。因此，孔隙流体逐渐由大孔隙可动为主向小孔隙过渡。理论上，只要驱动力足够大（超过最小孔隙中的最大毛管压力），所有游离烃都将以可动油的形式从岩心中排出。离心压差下的可动油量可表示为朗格缪尔式方程：

$$\frac{1}{Q_m} = \frac{\Delta p_L}{Q_f} \frac{1}{\Delta p} + \frac{1}{Q_f} \tag{2-9}$$

式中：Q_m 为每克岩石的可动油量，mg/g；Q_f 为无穷大离心压差下最大可动油量（即游离量），mg/g；Δp 为离心压差，MPa；Δp_L 称为中间值压差，流动量达到 Q_f 一半时的值，MPa。

如表 2-2 所示，不同类型储层游离态和吸附态烃的含量具有明显差异。I 类储层的游离态烃比例在 3.75%~54.76% 之间，拟合游离量比例为 74.75%，游离态/束缚态为 2.96；II 类储层的游离态烃比例在 3.58%~40.29% 之间，拟合游离量比例为 54.99%，游离态/束缚态为 1.22；III 类储层的游离态烃比例在 3.09%~33.85% 之间，拟合游离量比例为 51.05%，游离态/束缚态为 1.04；IV 类储层的游离态烃比例在 4.23%~32.50% 之间，拟合游离量比例为 46.48%，游离态/束缚态为 0.87；无效储层的游离烃态比例为在 28.11%~37.58% 之间，拟合游离量比例为 33.63%，游离态/束缚态为 0.51。由此可见随着储层品质变差，储层中游离态烃比例逐渐降低，而吸附态油比例逐渐增大到 66%。

表 2-2 不同类型储层游离量比例

储层类型	1000r/min 游离量比例（%）	2000r/min 游离量比例（%）	4000r/min 游离量比例（%）	6000r/min 游离量比例（%）	10000r/min 游离量比例（%）	拟合游离量比例（%）
I 类储层	3.75	11.95	23.91	42.54	54.76	74.75
II 类储层	3.58	10.78	16.11	25.69	40.29	54.99
III 类储层	3.09	9.38	14.02	21.96	33.85	51.05
IV 类储层	4.23	11.53	17.72	24.99	32.50	46.48

2. 基于激光共聚焦技术评价

激光扫描共聚焦显微镜（Laser Scanning Confocal Microscope，简写 LSCM）的扫描光源是激光，由此可以逐点、逐线、逐面的快速扫描成像。瞬时成像的物点是物镜的焦点，也是扫描激光的聚焦点，其扫描激光与荧光收集共用一个物镜。不同深度层次的图像可以通过改变调焦深度得到，并作为图像信息储存于计算机内，再通过计算机分析、模拟样品的立体结构并显示出来。与普通光学显微镜相比，激光扫描共聚焦显微镜具有分辨率高、可以观察样品内部结构、可以分层扫描并重建三维立体图像、可获得数字化信息等优点，并通过多层扫描和三维重建技术取得薄片厚度内的所有微孔隙的完整结构特征。与扫描电镜相比，LSCM 可以检测样品内部信息，在观察样品形貌的同时，通过光谱解析可以分析孔隙中原油的密度。

　　轻质、重质组分解析的基本原理：传统的实验观察结果认为，液态烃的荧光颜色可反映有机质演化程度，即随着有机质从低成熟向高成熟演化，其荧光颜色由火红色→黄色→橙色→蓝色→亮黄色（蓝移）；Goldstein 也认为随着油质由重变轻，油包裹体的荧光颜色由褐色→橘黄色→浅黄色→蓝色→亮黄色。随着小分子成分含量增加，成熟度增大，其荧光会发生明显"蓝移"，光谱主峰波长减小，反之，光谱主峰波长增大。应用 LSCM，采用488nm 固定波长的激光激发样品，原油中轻质组分产生 490~600nm 波长范围的荧光信号，重质组分产生 600~800nm 波长范围的荧光信号。一般接收轻质组分信号时尽量选择靠近激发波长，接收重质组分信号时尽量选择远离激发波长（图 2-10）。

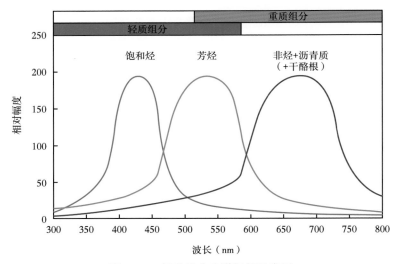

图 2-10　轻重组分光谱解析示意图

　　本书利用激光共聚焦技术对 3 块新鲜页岩油样品进行观测，分析原油赋存特征及不同密度原油的赋存特征。3 块样品分别来自 J10016 井和 J10022 井，岩性包括长石岩屑砂岩（2-h）、灰质粉砂岩（15-h）和白云质粉砂岩（30-h），含油级别为油浸。首先进行样品制备，通过切片→密胶→磨光切片→粘片→磨制薄片，含油岩石样品在钻样和切片时，需要在冷冻条件下进行。利用 LEICA SP8 型 LSCM 对 3 块页岩油样品进行观测，并进行三维立体图像重建。得出如下认识：

　　（1）芦草沟组页岩油具有极高含油丰度，原油（黄色）多呈片状或连片状分布在孔隙中（图 2-11），不仅赋存在较大的粒间孔内，在较小的晶间孔也有原油赋存。3 块样品对比可知，随物性变差（由），原油呈断续、零星分布，且非均质性变强。

　　（2）三维空间图像重构能清晰展示不同密度原油的空间展布，其中亮红色、亮粉色代表轻质原油，而暗蓝色代表重质油，轻质油的密度、黏度均明显好于重质原油（图 2-12）。芦草沟组页岩油中轻质部分通常赋存在大孔内，而重质部分赋存在矿物表面或较小孔隙中。2-h 和 30-h 两个样品分别位于芦二段和芦一段，两个样品物性差异不大，但芦二段样品的轻质原油含量明显偏多。

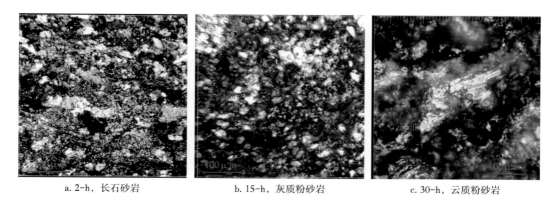

a. 2-h，长石砂岩　　　　　　　b. 15-h，灰质粉砂岩　　　　　　c. 30-h，云质粉砂岩

图 2-11　页岩油样品激光共聚焦扫描图像

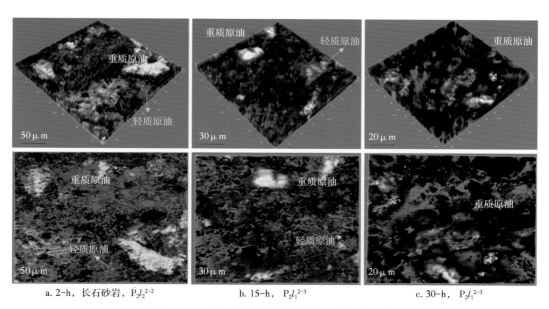

a. 2-h，长石砂岩，$P_2l_2^{2-2}$　　　　b. 15-h，$P_2l_1^{2-3}$　　　　c. 30-h，$P_2l_1^{2-3}$

图 2-12　页岩油样品激光共聚焦三维重构图像

三、页岩油储层含油性影响因素及分级评价

1. 含油性影响因素分析

如图 2-13 所示，该区页岩油储层的含油丰度高，含油饱和度分布范围为 20%～90%，整体上随孔隙度增加，饱和度逐渐增加，当孔隙度达到 10% 时，含油饱和度均值可达到 60%，当孔隙度超过 12% 时，含油饱和度通常高于 70%。由此可见，研究区页岩油储层的物性对含油性具有明显控制，同时也能看出含油饱和度与孔隙度的数据点分布范围比较宽，如孔隙度为 10% 的样品，实验测含油饱和度范围为 40%～80%，也说明宏观物性并不是控制含油性的唯一因素。

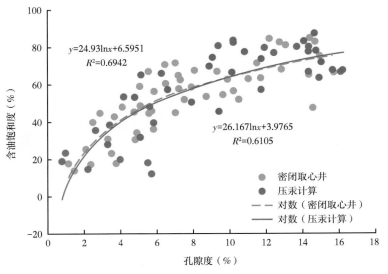

图 2-13 密闭取心井含油饱和度与孔隙度间关系

芦草沟组页岩油整体属于源—储一体型油藏，烃源岩生成烃类，直接或通过短距离运移就可充注到相邻的储层中，频繁的源—储互层、高有机质丰度、强生烃增压等，使得芦草沟组储层呈现出较高含油丰度，但油气能否充注、充注多少等还要受到储层本身微观孔喉结构的控制，以下为主要证据：

（1）选取不同含油级别页岩样品，进行高压压汞实验，对比分析孔喉大小对含油级别的控制（图 2-14）。荧光显示样品 5 块，孔喉分布主峰均小于 15nm，这也说明之前厘定的充注孔喉下限是合理的；油迹或油斑样品 3 块，孔喉主峰位于 15~60nm 之间，油浸或含油样品的孔喉主峰多大于 60nm，由此可见随孔喉分布右移（增大），样品的含油级别逐渐变好，揭示孔喉大小对含油性的明显控制。

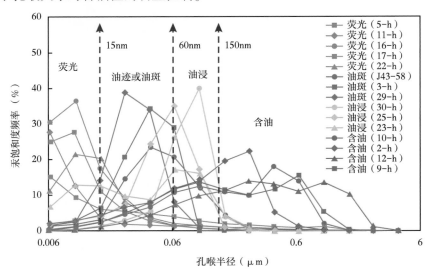

图 2-14 不同含油级别页岩油样品孔喉大小分布对比

（2）对 J34 井密闭取心饱和度进行精细解剖，揭示对含油性影响最明显的孔喉结构参数。选取 J34 井 14 个密闭取心样品（图 2-15），岩性包括泥岩、白云质粉砂岩、泥质粉砂岩等，这些样品均测量孔隙度及高压压汞。对比可见，样品间含油饱和度差异明显，与孔隙度整体呈正相关，但有很多点呈现低孔隙度对应较高含油饱和度情况（3684.56m、3684.63m 等）；另外，含油饱和度与最大孔喉半径也具有一定正相关，但存在多个异常情况（3813.39m、3814.26m）。分不同进汞压力区间，绘制了进汞饱和度的分布，剖析不同区间孔喉对含油性的贡献，研究发现，当孔喉较大时（进汞压力小于 10.24MPa），进汞饱和度分布趋势与含油饱和度关系较差，当进汞压力增大至 40.96MPa 时，累计进汞饱和度分布趋势与含油饱和度基本一致，且进汞饱和度与含油饱和度也大致相近；当进汞压力再次增大（163.84MPa），样品间进汞饱和度值差异变小，与含油饱和度趋势变差。由此可见，并不是所有孔喉均对含油性有贡献，也并不只是较大孔喉对含油性起决定性控制，应该是大于某一半径（15nm）的孔喉多少决定着页岩油储层的含油饱和度（图 2-15）。

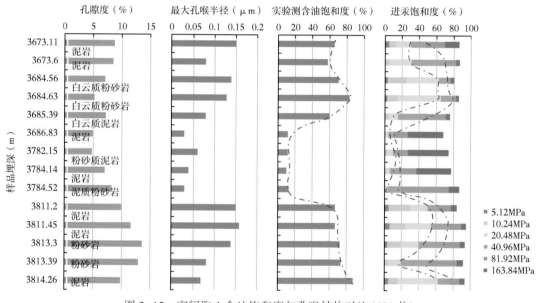

图 2-15 密闭取心含油饱和度与孔喉结构对比（J34 井）

2. 含油性分级评价

含油饱和度反映油在孔隙空间中所占比例，通过上述分析可知，较低孔隙度也可能对应较高含油饱和度，因此单独用含油饱和度指标无法全面定量反映岩石的含油量；而含油孔隙度为含油饱和度与孔隙度的乘积，能够反映单位质量或体积岩石的含油量。本书引入含油孔隙度指标，参考含油显示级别和试油产能数据，结合微观孔喉结构参数，建立芦草沟组页岩油含油性分级评价标准。

1）基于含油显示级别的分级评价

优选不同含油级别样品，根据测井解释含油饱和度和有效孔隙度，确定含油孔隙度，建立含油孔隙度—孔隙度关系图版（图 2-16）。从图中可知，随含油级别变好，孔隙度及含油孔隙度均呈直线上升，不同含油级别间存在明显界限。根据含油孔隙度与含油级别关系，将该区芦草沟组含油性划分为 4 个级别，对应含油孔隙度的界线分别为 9%、6%、3% 和 1%：Ⅰ类含油性储层（含油孔隙度大于 9%）主要对应油浸和富含油级别，Ⅱ类含油性储层（含油孔隙度介于 6%~9%）主要对应油浸，局部发育油斑，Ⅲ类含油性储层（含油孔隙度介于 3%~6%）主要对应油斑或油迹，局部发育油浸，Ⅳ类含油性储层（含油孔隙度介于 1%~3%）对应油斑或荧光，当含油孔隙度小于 1% 时基本对应荧光显示。

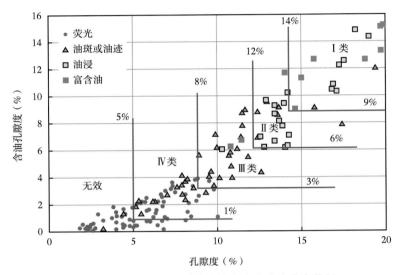

图 2-16 不同含油级别样品的含油孔隙度分布特征

含油孔隙度与孔喉参数 R_{50}（进汞饱和度为 50% 时对应孔喉半径）呈现出明显分段性（图 2-17），随 R_{50} 增加，呈现先稳定低值，再快速增加，最后缓慢增加的变化趋势，分段拐点对应含油孔隙度为 1%、9%。当 R_{50} 小于 15nm 时，含油孔隙度基本均小于 1%，且随 R_{50} 增加基本不变，主要因为此段样品对应含油饱和度低且变化较小；当 R_{50} 大于 45nm 时，含油孔隙度多大于 9%，且随 R_{50} 增加变化趋势变缓，主要因为此段对应含油饱和度普遍较高、变化较小；当 R_{50} 介于 15~45nm 时，含油孔隙度随 R_{50} 增大呈快速变化趋势，该变化主要因为此段样品的孔隙度及含油饱和度均随 R_{50} 增大而快速增加所致。含油孔隙度随 R_{50} 的变化，也证实了上述含油性分级的合理性。

2）基于试油产能的含油性分级评价

统计研究区页岩油井试油产能数据，从图 2-17 发现试油层段内含油的孔隙度累计百分数与产能具有较好正相关。基于此，对合试层段的产能进行单层批分，得到单层含油孔隙度均值与单位厚度试油产能的数据，进而根据含油孔隙度与试油产能间关系指导含油性分级评价。

如图 2-18 所示，单位厚度试油产能与单层含油孔隙度均值的关系受加砂量的影响，相同含油孔隙度时，随单位厚度加砂量增大，产能明显提高。按照单位厚度加砂量不同，将试油数据分为两部分，单位厚度加砂量大于 5t/d 为改造明显，小于 5t/d 为改造较弱，对于两种情况，试油产能随含油孔隙度增加呈指数增大，揭示了含油孔隙度对产能起重要

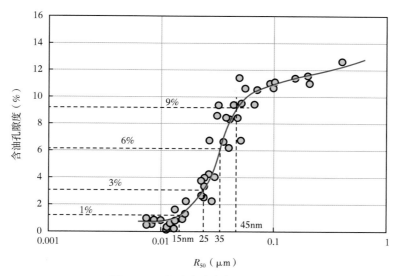

图 2-17 含油孔隙度与 R_{50} 关系图

控制。根据改造前后试油产能的变化趋势，可指导含油性分级：当含油孔隙度小于 1% 时，两种情况均无明显产能，因此从产能分析角度，1% 可作为含油性分级的下限；对于改造较弱的情况，只有当含油孔隙度大于 6% 时，试油产能才开始逐渐增加，小于 6% 时基本无产能，因此含油孔隙度 6% 可作为一个弱改造时能否产油的重要分级界线；对于改造明显的情况，当含油孔隙度大于 3% 时，产能随含油孔隙度增加开始快速上升，而小于 3% 时，压裂改造后产能增大有限，因此 3% 也可作为压裂改造后产能快速增大的一个界限。

由此可见，根据加砂量、含油孔隙度、试油产能间关系，可以确定 1%、3%、6% 作为含油性分级界线是合理的。

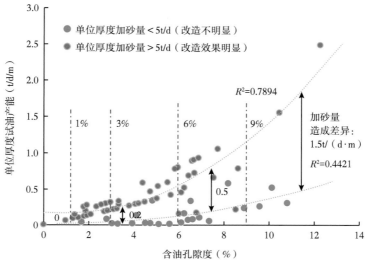

图 2-18 含油孔隙度与试油产能关系图

综上，建立了芦草沟组页岩油层含油性分级标准（表2-3）。

表 2-3　芦草沟组页岩油层含油性分级评价标准

含油性分级	含油孔隙度（%）	孔隙度（%）	R_{50}（nm）	含油级别	压后产能[t/(d·m)]	改造前后产能变化
Ⅰ类	>9	>14	>45	油浸以上	>1.25	产能高
Ⅱ类	6~9	>12	35~45	油斑、油浸	>0.5	弱改造有产能、改造明显
Ⅲ类	3~6	8~12	25~35	油斑为主	0.25~0.5	弱改造无产能、改造明显
Ⅳ类	1~3	5~8	15~25	油斑、荧光	<0.3	弱改造无产能、改造不明显

第三节　页岩油储层可动性评价

页岩油储层可动性的定量评价是储层评价的重点，目前评价可动量的常用方法有两种：离心法和驱替法，这两种方法各有特点。离心法是通过设置不同转速以达到不同的离心力对饱和油样品进行离心，对比离心前后样品 T_2 谱以评价储层可动性的一种方法；驱替法是通过对柱样内饱和流体设置不同驱压液驱或者气驱的一种方法。两种方法都要借助核磁共振以获得流体所在储集空间的孔径大小，得到可动流体饱和度及束缚水饱和度等参数。

一、实验方案设计

本次实验设计了三种不同的实验方案：离心法、完全饱和油重水驱替法和束缚水状态下饱和油重水驱替法，分别简称为离心法、驱油法和束缚水状态下驱油法。核磁共振测试过程中选用相同参数：等待时间6000ms、叠加次数32次、回波间隔0.2ms、回波次数8000次，如图2-19所示。

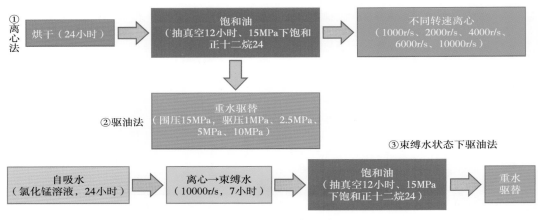

图 2-19　实验方案设计

（1）离心法：洗油后烘干12小时、抽真空12小时、饱和正十二烷24小时（15MPa）、不同转速对应离心力不同（1000r/s、2000r/s、4000r/s、6000r/s、10000r/s分别对应离心力0.035MPa、0.15MPa、0.55MPa、1.3MPa、3.5MPa）。

（2）驱油法：洗油后烘干12小时、抽真空12小时、饱和正十二烷24小时（15MPa）、驱替（重水驱油；围压：15MPa，驱压：1MPa、2.5MPa、5MPa、10MPa）。

（3）束缚水状态下驱油法：洗油后烘干12小时、自吸氯化锰溶液（氯化锰可以削弱核磁共振信号）24小时、10000r/s转速7小时、抽真空12小时、饱和正十二烷24小时、驱替（重水驱油；围压：15MPa，驱压：1MPa、2.5MPa、5MPa、10MPa）。

对比三种方法的实验结果，得到结果较为一致，有着共同的规律，随压差增大，可动量增多；但可动量评价具有明显差异，离心法最高，束缚水状态下驱油法效率最低（图2-20）。离心法结果与驱油法结果基本一致，而束缚水状态下驱油法与之相比结果明显变小，说明束缚水对原油可动性存在较大影响（尤其是较低压差时），束缚水状态下驱油法得到结果更符合实际（表2-4）。

表 2-4　三种方案结果对比

编号	实验方法	效率（%）	可动油饱和度（%）
1	方案一	46.44	23.4
	方案二	41.96	21.15
	方案三	38.9	19.61
33	方案一	42.93	35.55
	方案二	51.08	42.3
	方案三	37.21	30.81
3-h	方案一	26.27	20.57
	方案二	16.98	13.3
	方案三	18.23	14.27
25-h	方案一	34.02	26.06
	方案二	27.95	21.41
	方案三	16.31	12.5

注：方案一为离心法（10000r/s时结果）；方案二为驱油法（10MPa时结果）；方案三为束缚水状态下驱油法（10MPa）。可动油饱和度＝效率×含油饱和度。

因此，最终选择方案三来评价吉木萨尔凹陷芦草沟组页岩油储层的可动性。

二、束缚水分布

通过对比束缚水状态下饱和油信号与完全饱和油的信号量，可以得到水在孔隙中的赋存状态及分布。如图2-21所示，水在孔隙中的赋存状态有吸附水和束缚水两种赋存状态，

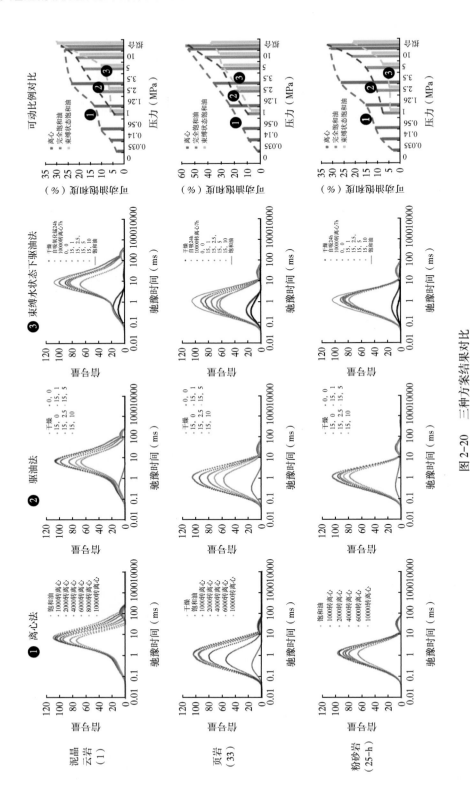

图 2-20　三种方案结果对比

束缚水占据亲水孔隙或孔隙表面，降低水置换油的效率，且缩小孔喉半径，导致可动油比例降低。如图 2-22 所示，束缚水峰值主要在较小孔，而油峰值明显大于水。

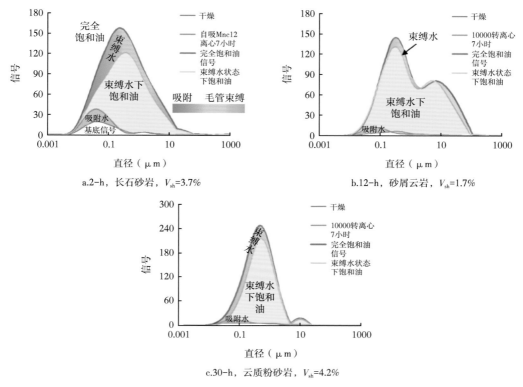

图 2-21　水在页岩油储层孔隙中的赋存状态

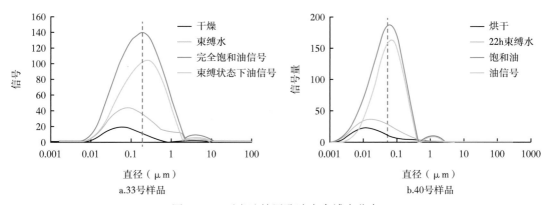

图 2-22　页岩油储层孔隙中束缚水分布

页岩油储层束缚水普遍存在，如图 2-23 所示，束缚水在孔隙流体中的比例与黏土呈明显正相关，受比表面积控制。

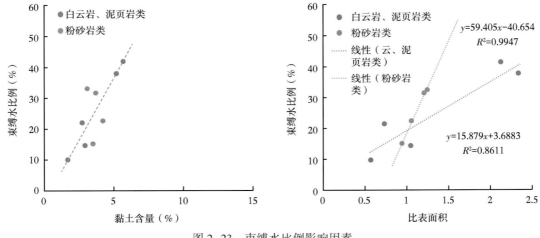

图 2-23　束缚水比例影响因素

三、可动性评价

利用离心、驱替数据可估算 Q_f（无限压差下可动油百分比），以得到无限压差下可动油百分比。计算同一块样品完全饱和油状态下（离心和驱替）拟合可动油饱和度发现，离心实验与驱替试验计算结果大致一致（图 2-24）。

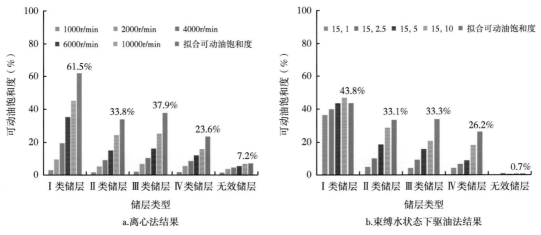

a. 离心法结果　　　　　　　　　　　　b. 束缚水状态下驱油法结果

图 2-24　最大可动油拟合结果

不同类型储层在可动量、可动孔径分布上存在差异（图 2-25、图 2-26）：

Ⅰ类储层、Ⅱ类储层、Ⅲ类储层、Ⅳ类储层在可动油饱和度范围、拟合最大可动油饱和度上有各自的范围。具体而言，Ⅰ类储层是中—大孔对储层流体可动性贡献最大；Ⅱ类储层是中孔对储层流体可动性贡献最大；Ⅲ类、Ⅳ类储层小—中孔对储层可动性贡献最大；无效储层是微—小孔对储层可动性贡献最大。

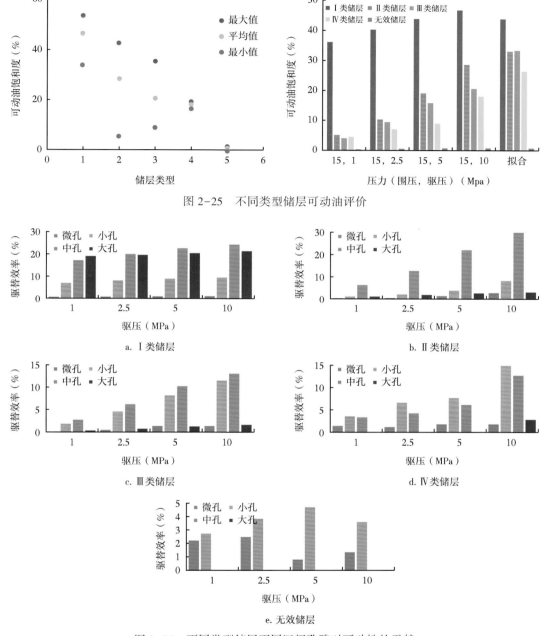

图 2-25 不同类型储层可动油评价

图 2-26 不同类型储层不同区间孔隙对可动性的贡献

四、页岩油可动影响因素分析

页岩油可动性整体受孔喉半径、孔喉分选的控制，中—大孔（直径>200nm）含量决定粉砂岩类页岩油的可动量，小孔（30~200nm）决定泥岩或泥晶白云岩类页岩油的可动量（图 2-27）。

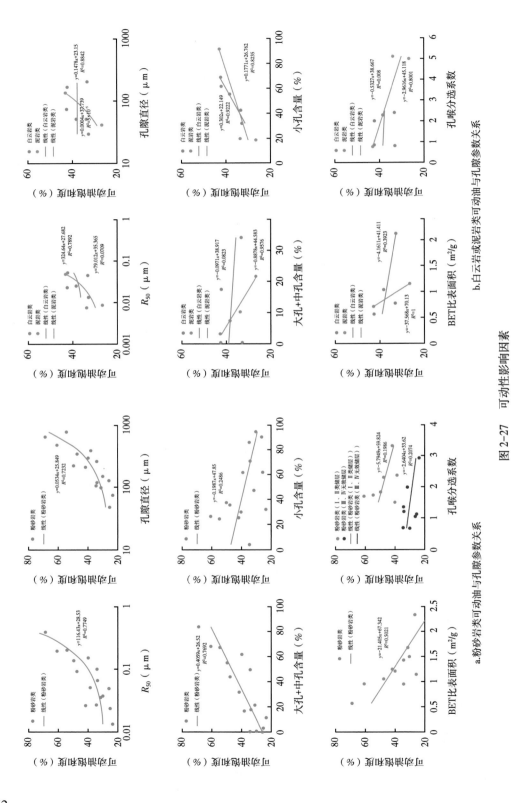

图 2-27　可动性影响因素

五、可动性分级评价标准

1. 截止孔径、时间的确定

分别统计48个样品饱和水—离心、饱和油—离心及驱替（含束缚水状态）最大压差下达到平衡时的累计信号量，与饱和油累计信号量的交点所对应的 T_2 即为截止时间（如图2-28），其对应的孔径即为截止孔径。确定饱和水—离心、饱和油—离心及驱替（含束缚水状态）截止时间，选取均值作为页岩油的可动孔径截止值，分别为 4.7ms、6.0ms、11.8ms，截止孔径分别为 250nm、280nm、550nm，并统计不同方式的可动孔隙度。

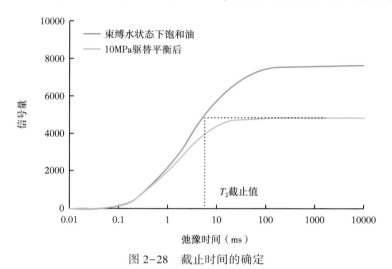

图2-28　截止时间的确定

2. 可动性分级评价标准

根据不同的含油产状（饱含油、油浸、油斑、油迹、荧光）大致将储层分为4类：Ⅰ类储层、Ⅱ类储层、Ⅲ类储层和无效储层，以此为思路可以确定可动有孔隙度的界限。如图2-29所示，饱和水的界限分别为：Ⅰ类储层（$\phi_{可动}>8\%$、$\phi>14\%$），Ⅱ类储层（$6\%<\phi_{可动}<8\%$、$12<\phi<14\%$），Ⅲ类储层（$1\%<\phi_{可动}<6\%$、$8\%<\phi<12\%$），无效储层（$\phi_{可动}<1\%$、$\phi<8\%$）饱和油：Ⅰ类储层（$\phi_{可动}>8.5\%$、$\phi>14\%$），Ⅱ类储层（$6.5\%<\phi_{可动}<8.5\%$、$12\%<\phi<14\%$），Ⅲ类储层（$1\%<\phi_{可动}<6.5\%$、$8\%<\phi<12\%$），无效储层（$\phi_{可动}<1\%$、$\phi<8\%$）；驱替：Ⅰ类储层（$\phi_{可动}>4.5\%$、$\phi>14\%$），Ⅱ类储层（$2.5\%<\phi_{可动}<4.5\%$、$12\%<\phi<14\%$），Ⅲ类储层（$1\%<\phi_{可动}<2.5\%$、$8\%<\phi<12\%$），无效储层（$\phi_{可动}<1\%$、$\phi<8\%$）。

3. 可动性测井评价方法

统计48块样品的截止值时所对应的可动油孔隙度，与孔隙度、矿物成分及孔喉参数等的关系发现，以驱替结果为例，可动油孔隙度与有效孔隙度呈正比，与黏土含量成反比（图2-30），综合孔隙度、黏土含量可建立可动油孔隙度评价模型。

可动油孔隙度解释模型：

$$\phi_{可动1}=0.57\phi-0.02V_{sh}\phi-1.96 \qquad (2-10)$$

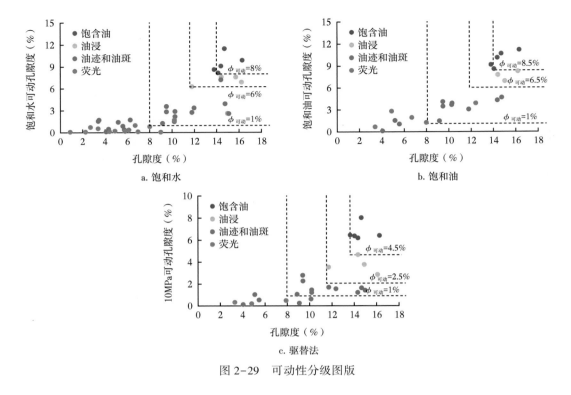

图 2-29　可动性分级图版

$$\phi_{可动2} = 0.36e^{0.52(0.57\phi - 0.02V_{sh}\phi - 1.96)} \qquad (2-11)$$

$$\phi_{可动} = \max(\phi_{可动1}, \phi_{可动2}) \qquad (2-12)$$

式中：$\phi_{可动1}$，$\phi_{可动2}$为可动油孔隙度，%；ϕ 为有效孔隙度，%；V_{sh}为黏土含量，%。

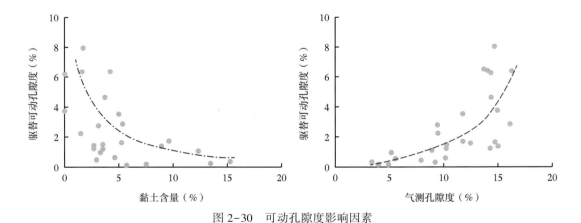

图 2-30　可动孔隙度影响因素

　　根据式（2-10）至式（2-12）可计算出可动油孔隙度，利用测井曲线实现可动油孔隙度解释，与核磁共振可动孔隙度 CMRP20 的分布趋势基本一致（图 2-31）。

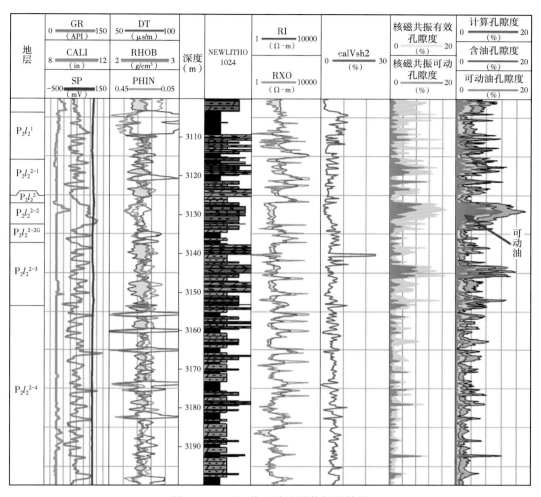

图 2-31　J174 井可动油测井解释结果

第三章　吉木萨尔页岩油裂缝
导流机理研究

本章针对页岩油焖井开发中存在的关键科学问题——层理缝油水渗吸置换机制与效率，以渗吸理论为依据，通过模拟实验，揭示和总结不同地质条件下致密油层理缝渗吸导油机制与模式，结合模拟实验，划分和总结焖井过程中致密储层裂缝（层理缝、构造裂缝）渗吸置换导油效率，探索控制层理缝油水渗吸置换机制与效率的主要因素，对比和总结层理缝与构造裂缝压裂液与基质致密油渗吸置换模式，预测有利的油水渗吸置换层理缝发育区。

第一节　页岩油渗吸及驱油机理研究

吉木萨尔芦草沟组页岩油藏矿场开发系列试验结果表明，水平井体积压裂储能焖井开发是实现吉木萨尔页岩油有效开发的方式，试油试采表现出以下规律：（1）体积压裂水平井的产能及稳产能力明显好于压裂直井；（2）"甜点"厚度、物性、含油饱和度是控制水平井产量的主要地质因素，水平段钻遇油层长度确保水平井产量的重要地质基础；（3）加砂强度是确保水平井产量与稳产的重要工程基础，每米累计产油量与水平段加砂强度呈线性正相关；（4）与常规油藏对比，芦草沟组致密页岩油藏体积压裂水平井的开发效果与见油时压裂液返排率有明显的反相关性，见油时压裂液返排率越低，生产油井效果越好。这些油井试油试采特征与致密页岩油渗吸及驱油机理有直接关系。

一、致密页岩油藏水平井压裂动态特征与压渗驱油机理分析

采用了密集切割、大排量复合压裂、多粒径组合支撑剂、大液量、大砂量改造的体积压裂技术是目前实现致密页岩油有效开发主要手段，达到了万立方米液、千立方米砂的超大型压裂规模，压裂技术取得了突破性进展（表1、表2）。

表 3-1　致密页岩油水平井体积压裂技术参数表

设计理念		高密度细分切割+大规模体积压裂	技术目的
分段参数	分段压裂工艺	速钻桥塞+分簇射孔	实现储层动用体积最大化
	分段/簇参数	段长 45m，每段 3 簇，簇间距 15m	
压裂参数	施工工艺	滑溜水+胍胶逆混合压裂 配合滑溜水段塞式加砂工艺	开启多缝 增加裂缝复杂程度
	施工参数	施工排量：14m³/min 前置液比例：60%~75% 平均砂比：16%~18%	

续表

设计理念	高密度细分切割+大规模体积压裂		技术目的
压裂参数	压裂规模	单簇裂缝支撑剂量	单簇裂缝压裂液量	增大改造体积 补充地层能量
		26~34m³	400~500m³	
	压裂液体系	低浓度胍胶+滑溜水 滑溜水占比44%		降低导流能力伤害 降低成本
	支撑剂类型	70/140目、40/70目、30/50目、20/40目 陶粒比例为1:1:7:1		多尺度人工裂缝有效支撑

表 3-2 芦草沟组水平井压裂规模统计表

井号	射孔井段 （m）	压裂水平段长度 （m）	压裂数据		
			压裂方式 （级）	液量 （m³）	加砂 （m³）
吉172_H	3150.9~4360	1233	15	16030	1798
吉251_H	4361~4976	615	9	10098	1120
吉36_H	4391~5547	1201	20	18807	1411
JHW001	3217~4482	1265	23	17585.5	1374.9
JHW003	3194~4530	1336	17	12129.8	887.1
JHW005	3214.9~4506.2	1291	20	12280.3	876
JHW007	3242.7~4562.8	1320	17	10307.5	760
JHW015	3408~4713.2	1305	18	16905	1310.3
JHW016	3375.6~4684.5	1309	18	14025	1058.8
JHW017	3427.91~4228.95	1801	23	25417.7	1361.8
JHW018	3482.63~4289.05	1806	23	24346.8	1700.64
JHW019	3541.5~4817.0	1275	15	18520.6	1164
JHW020	3458.2~4763.0	1305	17	23993.3	1288.3

不同井压裂后的油压及焖井期间的平均压降速度差异大（表 3-3），但总体压裂后的油压降速缓慢（0.03~0.34MPa/d，平均0.21MPa/d）。其中，焖井 30 天的井平均油压降速为 0.23MPa/d，焖井 60 天的井平均油压降速为 0.19MPa/d，焖井 90 天的 JHW015 井油压降速为 0.11MPa/d），总体表现为焖井时间越长，后期压降速度越慢，同时也充分反映了地层滤失能力弱的特点。

表 3-3 芦草沟组水平井压后动态统计表

井号	射孔井段 （m）	压裂后的油压 （MPa）	焖井时间 （d）	开井排液时的油压 （MPa）	平均压降速度 （MPa/d）
吉172_H	3150.9~4360	18	30	12	0.2
JHW001	3217~4482	6	30	1.4	0.15
JHW003	3194~4530	7.6	30	1	0.22

井号	射孔井段 （m）	压裂后的油压 （MPa）	焖井时间 （d）	开井排液时的油压 （MPa）	平均压降速度 （MPa/d）
JHW005	3214.9~4506.2	7.2	60	0.5	0.33
JHW007	3242.7~4562.8	3.2	60	1.2	0.03
JHW015	3408~4713.2	16	90	6.2	0.11
JHW016	3375.6~4684.5	14	30	3.9	0.34
JHW017	3427.91~4228.95	16	60	3.5	0.21
JHW018	3482.63~4289.05	16	30	8.8	0.24
JHW019	3541.5~4817.0	28	30	21	0.23
JHW020	3458.2~4763.0	24	30	17	0.23

在与常规油藏物性、孔隙结构差异如此大的芦草沟组致密页岩油藏的大量矿场开发实践已证明，水平井体积压裂储能焖井是实现该油藏有效开发的方式。尽管因认识不到位和目前渗流与开发机理研究工作存在缺陷，还没有室内实验数据证明压渗驱油机理的有效性，但体积压裂水平井开发效果与见油时及平稳生产期压裂液低返排率呈明显反相关性，已从试油试采特征反映出压渗驱油机理的存在及在驱油和生产中的作用。

二、油藏渗流与驱替机理分析

要实现吉木萨尔页岩油藏有效开发，除了要明确水平井体积压裂储能焖井开发的有效性之外，还需要认清吉木萨尔页岩油藏的渗流与驱替机理，为指导体积压裂水平井的参数优化设计、体积压裂水平井的产能分析及生产技术政策优化等提供依据。

1. 芦草沟组致密页岩油藏储层启动压力梯度及非线性渗流规律研究

具有低孔超低渗透的吉木萨尔页岩储层，孔隙喉道狭窄，处于纳米级别，且孔喉比大，加上储层可能属于亲油特性，使得流体在其中的渗流规律和油藏生产动态特征不同于一般油藏。这种差异主要表现在渗流启动压力梯度的影响（储层应力敏感性不强）。

1) 实验条件

利用如图 3-1 所示实验装置，采用吉木萨尔凹陷吉 174 井芦草沟组致密储层 4 块岩心样品，完成启动压力梯度研究实验（表 3-4）。其中，实验装置由 4 部分组成，分别是流体注入系统、流体驱替系统、流体测定系统、数据采集和处理系统，各系统均由计算机全程自动控制。流体注入系统采用美国 ISCO100DX 微量注射泵，其最小注入速率为 0.01μL/min，其最大注入压力为 68.9MPa。流体驱替系统的恒温箱内有中间容器及岩心夹持器，工作压力范围为 0~30MPa，工作温度范围为 20~150℃，油水计量范围为 0.05~5.00mL/min，允许误差不大于 1%。岩心夹持器的环压（模拟地层骨架压力）由自动环压泵控制，且始终自动追踪使其环压差（环压与岩心注入压力之差）恒定。温压控制系统通过计算机预先设定的温压数值，使流体驱替系统内的岩心夹持器保持所需温压。流体测定系统主要由流体自动计量仪精确计量出口端的流体流量，利用重力分异使油和水自动分离，允许误差为 1%。数据采集和处理系统主要由数据采集器和计算机组成，全程自动采集实验所需参数。

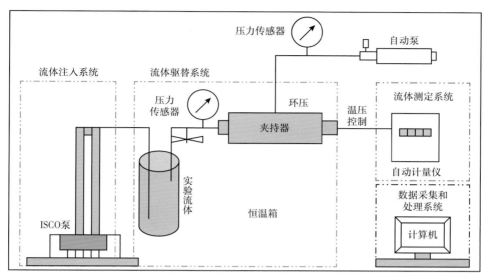

图3-1 致密页岩油启动压力梯度研究实验装置示意图

由于洗样的原因，实验用4块岩心样品的物性参数较实际值高，孔隙度为9.86% ~ 17.92%，渗透率为0.04~5.56mD。但依据《油气储层评价方法》（SY/T 6285—2011）中的分类标准，除J31-2样品以外，其他样品均属于超低渗透—致密储层，与实际地质条件下的孔渗物性具有一致性；此外，实验模拟过程中模拟了吉木萨尔页岩油藏地层温压条件和流体物性，实验模拟压力为1~55MPa，配制矿化度为150g/L的$CaCl_2$型实验用水（密度为1.02g/cm^3，黏度为0.9mPa·s），以及黏度为10.1mPa·s的实验用油。因此，其实验结果具有可信度。

表3-4 吉木萨尔凹陷芦草沟组实验样品基本参数统计表

样品编号	J32	J31-2	JX-J5	JX-S1
岩性	粉砂岩	粉砂岩	粉—细砂岩	细砂岩
空气渗透率（mD）	0.04	5.56	0.10	0.10
孔隙度（%）	12.68	17.92	9.86	13.25

2）实验结果

由于只有突破启动压力梯度后，原油才会在岩石中发生非达西渗流。显然，想直接从实验数据中准确确定启动压力梯度是困难的。这里借用前人获得的"当流体处于拟线性渗流阶段时，流速增量与压力梯度增量的3次幂成正比关系"的研究成果，如图3-2所示，建立三段式低速非达西渗流模型。

通过拟合方式获取启动压力梯度值：

$$v = \begin{cases} 0, & 0 \leq \Delta p/L < a \\ \lambda (\Delta p/L - a)^3, & a \leq \Delta p/L < b \\ 3\lambda (b-a)^2 (\Delta p/L - b) + \lambda (b-a)^3, & \Delta p/L \geq b \end{cases} \quad (3-1)$$

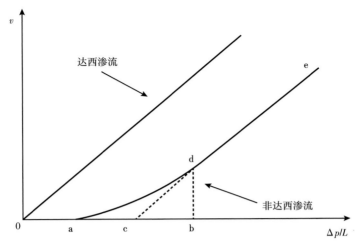

图 3-2 低渗致密油藏渗流曲线示意图

式中：λ 为启动压力梯度，MPa/m；b 为临界压力梯度，MPa/m；$\Delta p/L$ 为压力梯度，MPa/m。

设定当压力梯度 $\Delta p/L<a$ 时，原油的流态为滞流；当 $a\leqslant\Delta p/L<b$ 时，流态为非线性渗流；当 $\Delta p/L\geqslant b$ 时，流态为拟线性渗流。考虑到流体在岩石中的渗流是连续过程，其非线性渗流段和拟线性渗流段在连接点 $\Delta p/L=b$ 处斜率相等。

根据式（3-1）处理法求取每个岩心的特征系数（λ）、启动压力梯度和临界压力梯度等相关渗流特征参数，如表 3-5、图 3-3 所示。由于 J31-2 号样品孔隙度与渗透率数值较高，所测得的渗流特征参数较其他 3 个样品相差一个数量级。

表 3-5 实验样品渗流特征参数表

岩心编号	空气渗透率（mD）	原油黏度（mPa·s）	孔隙度（%）	视流度（mD/mPa·s）	特征系数（mD/mPa·s）	启动压力梯度（MPa/m）	临界压力梯度（MPa/m）
J32	0.04	10.1	6.98	0.0040	6.37×10^{-6}	2.022	2.693
J31-2	5.56	10.1	17.92	0.5505	2.33	0.00162	0.02326
JX-J5	0.10	10.1	9.86	0.0099	4.26×10^{-5}	1.023	1.483
JX-S1	0.10	10.1	13.25	0.0099	1.15×10^{-4}	0.634	1.027

3）吉木萨尔页岩储层渗流特征讨论

（1）致密储层原油流动低速非达西渗流特征。

低于 0.05mD 的样品中两段式特征表现非常明显，呈现出不经过原点的线性特征。而在渗透率较高的样品中，由于压力测点均超过储层的临界压力梯度，往往只表现渗流曲线的线性段。

（2）致密储层原油流动低速非达西渗流的影响因素。

影响原油流动低速非达西渗流因素包括渗透率、流体黏度和渗流微观几何空间。其中，渗透率越小，启动压力梯度增大；流体黏度越大，启动压力梯度越大。总体上可以用

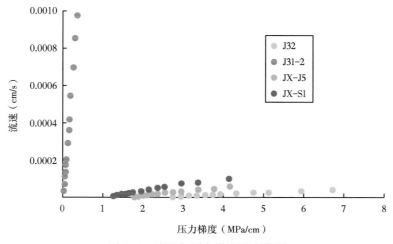

图 3-3　流速与压力梯度对应关系

流度 K/μ 来反映渗透率 K、流体黏度 μ 的综合影响。而对特定储层的渗流微观几何空间对非达西渗流的影响，一方面要用研究的特定储层岩心开展实验，以避免渗流微观几何空间的差异给实验结果带来影响，另一方面可以用平均孔隙半径 $\sqrt{4K/(5\phi)}$ 的概念来反映渗流微观几何空间对非达西渗流的影响。

借助于流度和平均孔隙半径，可建立"特征系数、启动压力梯度、临界压力梯度"与流度；特征系数与平均孔隙半径，启动压力梯度、临界压力梯度与平均孔隙半径之间的关系图版，如图 3-4 所示。显然，特征系数与视流度呈正相关关系，启动压力梯度、临界压力梯度与视流度均呈负相关关系；特征系数与平均孔隙半径呈正相关关系，启动压力梯度、临界压力梯度与平均孔隙半径均呈负相关关系。

根据实验得到的启动压力梯度与流度的关系：

$$\lambda = 0.00071\left(\frac{K}{\mu}\right)^{-1.487} \tag{3-2}$$

式中：λ 为启动压力梯度，$\mathrm{MPa/m}$；K 为渗透率，mD；μ 为流体黏度，$\mathrm{mPa \cdot s}$。

（3）吉木萨尔页岩储层原油渗流特征判断。

基于吉木萨尔页岩储层原油渗流影响因素分析结果，可以应用视流度、平均孔隙半径、启动压力梯度和临界压力梯度等参数，建立原油运移的流度与平均孔隙半径判定图版。

①视流度判定图版。在压力梯度半对数坐标系中，拟合启动压力梯度与流度，以及临界压力梯度与视流度的关系曲线（图 3-5a），从而确定出滞留区、非线性渗流区、拟线性渗流区的分区界限。依据该图版可利用视流度和压力梯度判断致密储层中原油的流动状态：吉木萨尔页岩储层原油视流度平均值 $0.003\mathrm{mD/mPa \cdot s}$，压力梯度平均值为 $4\mathrm{MPa/cm}$，根据该图版可以判断出吉木萨尔页岩储层原油属于滞留区，启动压力梯度（y）与视流度（x）的关系近似为 $y = 0.0071x^{-1.487}$。

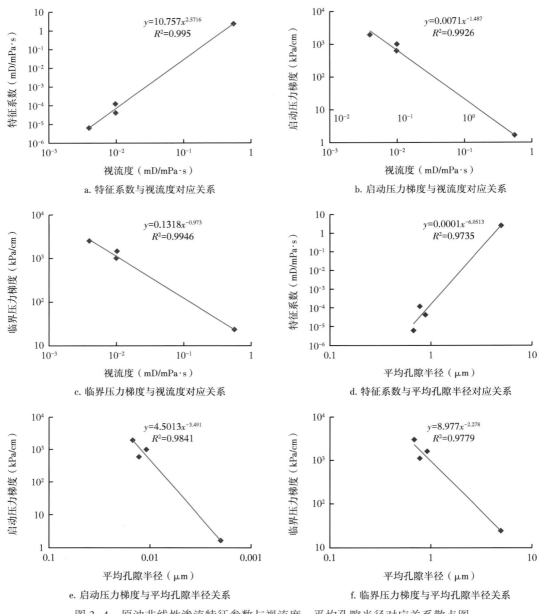

图3-4 原油非线性渗流特征参数与视流度、平均孔隙半径对应关系散点图

②平均孔隙半径判定图版。在压力梯度半对数坐标系中，拟合启动压力梯度与平均孔隙半径、临界压力梯度与平均孔隙半径的关系曲线（图3-4b），从而确定出滞留区、非线性渗流区、拟线性渗流区的分区界限。依据该图版可利用平均孔隙半径和压力梯度判断致密储层中原油的流动状态：吉木萨尔页岩储层平均孔隙半径为1.45μm，压力梯度平均值为4MPa/cm，根据该图版可以判断出吉木萨尔页岩储层原油属于滞留区，启动压力梯度（y）与平均孔隙半径（x）的关系近似为$y=4.5013x^{-3.496}$。

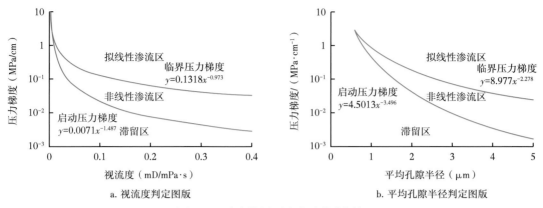

a. 视流度判定图版　　　　　　　　b. 平均孔隙半径判定图版

图 3-5　致密储层原油流动状态图版

2. 渗流启动压力梯度对缝间距和水平井极限井距的影响

1）研究模型

在研究水平井极限井距时，采用了模型如图 3-6 所示，其中，S 表示裂缝单元有效动用面积，d 表示裂缝间距，L_f 表示主裂缝半长，$b+L_f$ 表示压裂水平井井距之半。

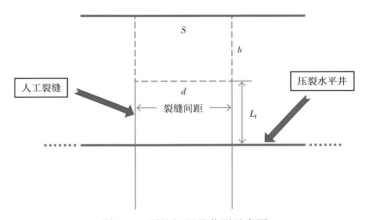

图 3-6　裂缝间距及井距示意图

2）缝间距、水平井极限井距和有效动用面积计算方法

（1）压裂缝间距计算。

压裂缝间距与水平段长度关系为：

$$d = \frac{L_s}{n} \tag{3-3}$$

式中：d 为裂缝间距，m；L_s 为水平井长度，m；n 为裂缝条数。

（2）压裂水平井极限井距计算。

流体在水平井筒中能够流动的最低条件是基质主流线上的压力梯度需大于渗流启动压力梯度，即可求出给定油层流度下，油井的极限井距和生产压差关系为：

$$R = 2\left(L_f + \frac{\Delta p}{\lambda}\right) \tag{3-4}$$

式中：R 为极限井距，m；L_f 为主裂缝半长，m；Δp 为生产压差，MPa；λ 为启动压力梯度，MPa/m。

（3）裂缝单元有效动用面积计算方法。

裂缝单元有效动用面积与裂缝间距和极限井距的关系为：

$$S = dR \tag{3-5}$$

式中：S 为裂缝单元有效动用面积，m²；d 为裂缝间距，m。

3）芦草沟组致密页岩油藏合理裂缝间距、合理井间距、合理裂缝单元有效动用面积确定

（1）合理压裂缝间距计算。

给定油层流度下，油井的合理压裂缝间距与原始地层压力、压裂液进入地层时的压力关系为：

$$d_a = w_f + 2\left(\frac{p_a - p_i}{\lambda}\right) \tag{3-6}$$

式中：d_a 为合理压裂缝间距，m；w_f 为主裂缝宽度，m；p_a 为压裂液进入地层时的压力，MPa；p_i 为原始地层压力，MPa。

（2）合理水平井距计算。

给定油层流度下，油井合理井间距与原始地层压力、生产结束时的井底流压关系为：

$$R_a = 2\left(L_f + \frac{p_i - p_w}{\lambda}\right) \tag{3-7}$$

式中：R_a 为合理井间距，m；L_f 为主裂缝半长，m；p_w 为生产结束时的井底流压，MPa。

（3）合理裂缝单元有效动用面积计算。

给定油层流度下，油井的合理裂缝单元有效动用面积与合理压裂缝间距、合理井间距的关系为：

$$S_a = R_a d_a \tag{3-8}$$

式中：S_a 为合理的裂缝单元有效动用面积，m²。

（4）综合图版绘制。

通过计算，得到合理压裂缝间距、合理水平井距、合理裂缝单元有效动用面积与油层流度关系图版，如图3-7、图3-8所示。

3. 油井焖井时间与油压变化关系分析

在油井焖井的过程中，体积压裂形成了复杂缝网，大量压裂液进入储层并分散于各个缝网，因油水重力分异，压裂液不断向储层缝网较低部位运移，油向缝网内高部位运移聚集，油水之间不断发生重力置换，压裂液进入缝网底部抬高了油水界面。因此，焖井有利于原油的采出。同时，压裂结束后关井，需要根据井口油压变化确定焖井时间，待油压下降幅度趋于平稳或是下降幅度小于0.1MPa时停止焖井。

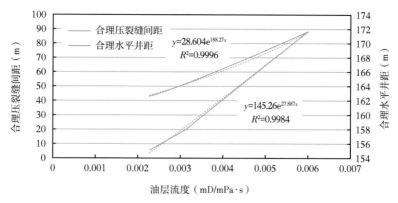

图 3-7　合理压裂缝间距、合理水平井距与油层流度关系图版

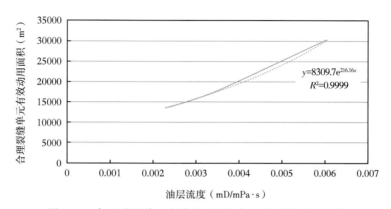

图 3-8　合理裂缝单元有效动用面积与油层流度关系图版

芦草沟组致密页岩油藏的 5 口典型水平井焖井时间与井口油压的变化量呈线性关系，其中，J1003_H 井压裂规模不够，焖井时压力传播速度较慢，油压变化量误差较大。根据此图版可以近似预测芦草沟组致密页岩油藏水平井井口油压的变化量与焖井时间的关系，从而得出不同焖井时间下压裂水平井的极限井距。

4. 大裂缝、微裂缝及基质生产动力及对生产的贡献程度分析

1) 原油流动动力分析

芦草沟组致密页岩油藏水平井体积压裂改造后，储层会存在"大裂缝、微裂缝及基质"三种渗流空间。其中，人工压裂裂缝是产出流体的主要渗流通道；储层天然微裂缝以及压裂改造过程中基岩系统内产生的微裂缝是油井产出流体主要的交换通道；基质岩块的主要作用仍然是提供原油储存空间。虽然微裂缝系统和基质岩块系统也能够存在渗流，但对流体产出贡献有限。因此，致密页岩油藏原油流动过程一般为：随开采的持续进行，裂缝压力迅速下降，微裂缝系统压力下降相对缓慢，基质压力下降最慢；在势差和毛管力渗吸作用下，原油由基质渗吸窜流到微裂缝系统，再从微裂缝系统流入人工压裂裂缝中，并以达西渗流方式进入井筒后被采出。

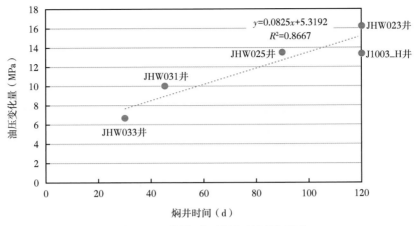

图 3-9　不同焖井时间与油压关系图

在准自然能量开发过程中，总是存在渗吸和驱替两种渗流机理，随着渗透率和生产压差降低，压差驱替作用减小，毛管力渗吸作用增加。因毛管力与孔隙半径成反比，相同润湿性及界面张力条件下，因致密页岩油藏微小孔隙尺度特征，会导致致密页岩油藏毛管力作用强而成为渗吸驱油的主要动力。基于芦草沟组致密页岩油藏储层孔隙尺度参数和油藏条件，当毛管半径为 100nm 时，毛管力为 0.4MPa（数倍于大气压力）；但对于毛管半径为 1500nm 的一般低渗透储层，毛管力为 0.027MPa，与驱替压差比较，其驱替作用有限。因此，尽管芦草沟组致密页岩油藏存在的渗流启动压力梯度而难以建立注采压差开采模式，但数倍于大气压的驱油动力强（储层水湿条件下），渗吸作用不可忽略。

2）大裂缝、微裂缝及基质对生产贡献程度分析方法

由于芦草沟组致密页岩油藏原油饱和压力低，在开发过程中不会出现溶解气驱生产机理，因此，可以通过分析油井动用的储层体积，按照储层弹性能量与物质平衡相结合的原则，分析大裂缝、微裂缝及基质对生产的贡献程度。由于难以分开微裂缝及基质对生产的贡献程度，这里就把微裂缝及基质的贡献归为同一类进行分析。

（1）油井动用的储层体积分析。

在假设压裂裂缝间所有储层都动用的前提下，可以根据压裂水平井长度和有效半缝长，在渗流启动压力梯度计算出的向外扩展范围（尺寸）约束条件下，通过总压裂液注入量、储层综合压缩系数、压前压后储层压力变化等耦合分析，求出油井动用的储层体积。其中，因压裂水平井动用的储层体积具有向四周线性扩展的特点，因此，可以按线性降低方式，计算渗流启动压力梯度控制的向外扩展范围（尺寸）。

（2）压裂大裂缝贡献率分析。

根据前面水平井体积压裂压渗驱油机理和原油流动动力分析，可以假设进入微裂缝及基质的压裂液在毛管力约束下不会反渗流至压裂大裂缝中。焖井后油井投产直到 100% 产油为止，这期间的产出油量主要来自压裂大裂缝，而这一阶段就逐渐形成了微裂缝及基质系统的连续补给。同时，也可以结合地层综合压缩系数的概念［式（3-9）］，计算裂缝可能得到的产油量并与前述方法计算结果进行对比后综合确定：

$$C^* = \frac{\Delta V_o}{V_b \Delta p} \qquad\qquad (3-9)$$

式中：C^* 为地层综合弹性压缩系数，MPa^{-1}；ΔV_o 为弹性采油量，m^3；V_b 为岩石的视体积，m^3；Δp 为油层压力变化量，MPa。

（3）微裂缝及基质贡献率分析。

考虑到油藏高含油饱和度下产出地层水的可能性小的基本情况，微裂缝及基质贡献率分析有两种方法：①总油量与大裂缝贡献量之差；②基于油井动用的储层体积，根据地层综合压缩系数和原始地层压力与目前地层压力差，计算目前地层压力水平下弹性采油量。方法②既是对方法①的修正，更是对压裂大裂缝贡献率的校正。

3）大裂缝、微裂缝及基质对生产贡献程度分析结果讨论

本次选择了 5 口典型井通过上述耦合分析方法确定了大裂缝、微裂缝及基质对生产贡献程度，见表 3-6，有以下几点认识：

（1）在大尺度裂缝和微尺度裂缝缝网的共同作用下，JHW033 井、JHW031 井基质被有效沟通，供给能力较强，且保持在合理工作制度和速度下生产，压力下降缓慢并保持在较高水平，因此，致密油储层应力敏感性对裂缝基质孔隙渗流能力的损害程度较小，即储层长期保持较高的渗流能力，油井生产动态特征整体表现为初期产量高，基质快速有效供给，高产期产量递减较慢，且产量规模大，累计产量高，最终采出程度较高。

（2）在大尺度裂缝发育、微尺度裂缝欠发育的前提下，JHW025 井、JHW023 井开井后的生产动态特征整体表现为初期产量高，但基质供给慢，高产期递减快，且后期稳产阶段产量低，最终采出程度略低。分析原因主要是开发后期在应力敏感性作用下，压力快速下降，导致裂缝渗流能力大幅度减弱，且通过室内实验和现场实践证实，应力敏感性造成的渗透率损害恢复程度较小，当压力低至一定值后，储层的渗流能力难以恢复。因此，开发后期基质可动用性较差，产量很低。

（3）在天然裂缝不发育的储层条件下，基质孔隙是主要流动介质，J10003_H 井开井后的生产动态特征整体表现为初期产量低，含水率高，后期含水率有所下降，但基质供给慢，始终保持着低产稳产；井控范围小，累计产油量和采出程度均较低。

表 3-6　五口典型井大裂缝、"微裂缝及基质"对生产贡献程度分析结果

井号	JHW033	JHW031	JHW025	J1003_H	JHW023
油层厚度（m）	11	21	26	20	25
水平井长度（m）	1200	1200	1200	1200	1200
启动压力梯度（MPa/m）	1.412	5.956	4.357	3.464	5.096
裂缝半长（m）	150	130	130	130	120
裂缝条数	26	30	27	5	27
动用体积（m³）	77351.33	111823.03	152874.39	648107.44	138849.63
压裂液用量（m³）	45734.7	44186.3	38097.35	79200	67407.9

续表

	井号	JHW033	JHW031	JHW025	J1003_H	JHW023
大裂缝贡献	计算值（m³）	804.03	1069.34	1594.48	11761.98	3663.95
	修正值（m³）	1024.97	857.21	1976.88	17881.33	4253.74
	综合值（m³）	914.50	963.27	1785.68	14821.66	3958.84
	比例（%）	68.01	61.00	75.21	42.04	65.63
微裂缝及基质贡献	计算值（m³）	540.54	509.89	779.76	23492.72	2368.54
	修正值（m³）	319.60	722.02	397.36	17373.37	1778.75
	综合值（m³）	430.07	615.96	588.56	20433.04	2073.65
	比例（%）	31.99	39.00	24.79	57.96	34.37

第二节　层理缝渗吸导油物理模拟实验研究

一、典型致密油层理缝渗吸导油实例分析

吉木萨尔油田吉 174 井在 3307.76m 处岩心照片显示，裂缝发育处可见油浸现象，岩性为致密云质粉砂岩，发育层理缝（绿色线）和构造缝（红色线），其中以层理缝发育为主。石油显示级别和裂缝与基质耦合的程度有关：裂缝不发育的区域，石油显示级别低，以油迹为主；裂缝与基质耦合较好的区域，石油显示级别较高，以油浸为主；仅发育层理缝的区域，石油显示级别为油斑，表明裂缝与基质孔隙系统的匹配耦合关系控制了致密油的富集程度。这里表达的观点是，裂缝可作为存储空间储集一部分油气，但是油气大部分存储在裂缝发育的物性较为发育的基质中。在含油层段，裂缝中的油气显示最好，而含油性较差的区域，裂缝中的油气显示仍高于基质，表明裂缝（以层理缝为主）对油气的富集起重要作用。发现、提出并证实了层理缝是控制致密油输导运聚富集最重要地质因素。

在整体构造裂缝不发育的大背景下，发现层理缝十分发育且与石油关系密切，并首次提出层理缝是控制致密油富集的首要因素的观点。目前普遍认为吉木萨尔芦草沟组致密油储层的裂缝不发育，石油富集主要受基质孔隙系统控制。但野外露头、大量的岩心、岩石薄片、成像测井和统计分析均表明吉木萨尔芦草沟组发育层理缝，不发育构造缝。

针对研究区致密油构造、页岩油区缝不发育、层理缝发育，并且层理缝网系统含油性较好的特征，表明层理缝不仅是致密油运移聚集的有利空间，也可能是石油、地层水甚至压裂液等相互流体渗吸转换的有利场所，开展对层理缝油水渗吸转换实验研究意义重大。如果层理缝的渗吸转换效率明显，通过充分利用层理缝的这一功能，可大大提高致密油的采油效率。常规的原油开发方式是通过压裂的方式开启纵向缝，原油在源—储压差的动力条件下，由储层排驱到构造缝缝网系统中，进一步返排到井口。研究区由于储层致密，原油很难在压力差下通过排驱的方式开采，常规的开发方式不能满足致密油及页岩油的产量需求。因此，合理的动用规模更大，油气显示更好的层理缝将成为提高致密油产能的重要手段。

研究表明，当储层渗透率小于 0.3mD 以渗吸为主，大于 1mD 以驱替为主；二者之间渗吸—驱替双重作用（图 3-10）。对研究区目的层 2178 个渗透率数据进行统计，渗透率大于 1mD 的样品占 359 个，介于 0.3~1mD 的样品占 233 个，小于 0.3mD 的样品有 1586 个。渗透率小于 1.0mD 的样品占总样品的 83.5%，因此可以认为研究区油水渗流主要受渗吸作用控制，开展对层理缝渗吸作用的研究尤为重要。

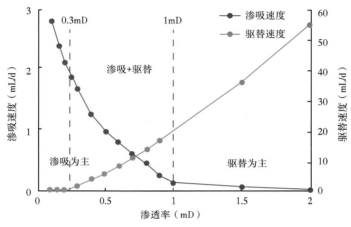

图 3-10　渗透率对渗吸—驱替作用的影响

二、层理缝渗吸模型的建立

实验样品主要来自宝明矿业野外露头、JHW043 井 P_2l 段约 2920m（A、B 两组，孔隙度分别为 15.6% 和 12.4%）岩心，岩性为灰白色泥质粉砂，纹理十分发育，其相关物性参数见表 3-7。

表 3-7　8 个露头柱塞样样品孔渗数据表

样品	长度（mm）	直径（mm）	质量（g）	体积（cm³）	密度（g/cm³）	孔隙度（%）	渗透率（μD）	孔隙体积（cm³）
Av1	33.24	25.10	36.18	16.44	2.20	14.66	2.12	2.41
Av2	35.38	25.10	38.44	17.50	2.19	14.31	0.89	2.51
Bv1	35.55	25.28	42.95	17.84	2.40	5.87	1.00	1.05
Bv2	35.46	25.31	43.51	17.84	2.43	5.33	0.81	0.94
Ah1	35.32	25.16	38.33	17.56	2.18	15.18	3.58	2.67
Ah2	34.72	25.11	37.41	17.19	2.17	13.97	2.91	2.40
Bh1	34.03	25.25	40.85	17.04	2.39	6.57	1.26	1.12
Bh2	33.89	25.26	41.05	16.98	2.41	5.89	0.46	1.00

注：v 为垂直层面钻孔的岩样，模拟构造缝的油水渗吸转换效率；h 为平行层面钻孔的岩样，模拟层理缝的油水渗吸转换效率。

依据润湿性标准，A、B 两块岩心（井下样品）润湿性测试结果表明，B 岩心润湿性好于 A 岩心（图 3-11）。但 A 岩心的物性好于 B 岩心。

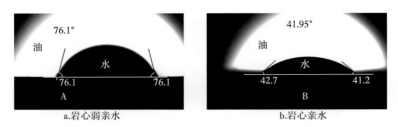

图 3-11 A、B 两块岩心润湿性测试

1. 渗吸机理

通过润湿性试验证实，芦草沟组储层岩石亲水性较强，实验所用的两组岩心，其润湿角分别为 A 岩心 76.1°、B 岩心 41.95°。当饱含油的岩心接触润湿能力更强的水相时，水相进入多孔介质过程中替换出原有非润湿流体（油相），即当水通过裂缝吸入储层时，裂缝中的油被排出后将被注入水所代替，使水与储层基质相接触。如果油藏介质是亲水的，便发生自吸作用，基质中的油将被吸入的水代替并排出到裂缝中，这种过程是裂缝性水湿油藏中自吸采油的重要机理。根据水吸入的方向与油气排出的方向不同，可分为顺向渗吸和逆向渗吸。当水的吸入方向与油气被排出的方向相同时为顺向渗吸，否则为逆向渗吸。顺向渗吸是由重力支配的推进速度占主导地位，水的吸入方向与油的流出方向相同；而逆向是由毛管力占主导地位，水的吸入方向与油的流出方向相反（图 3-12）。Mogensen K（1998）和 Habibi A（2015）等的研究表明，顺向渗吸的反应需要孔隙喉道贯穿整个岩心，并且孔隙喉道的半径大于润湿性液体的吸附层厚度，重力分异作用才占据主导地位，从而表现出顺向渗吸的宏观现象；而毛管力控制的逆向渗吸是孔隙喉道仅存在于岩心表面，且孔隙喉道半径小于液体的吸附层厚度时，毛管力才占据主导作用，从而在宏观上表现为逆向渗吸。致密储层由于储层致密，孔喉结构较小，对应毛管力较高，毛管力与重力比值较大，其渗吸过程为毛管力支配下的逆向渗吸。准噶尔盆地芦草沟组地层为致密渗透储层，通过 DuPery 公式判定毛管力与重力的主导地位。当渗吸机理判别参数 N_b^{-1} 大时，毛管力支配流动，当 N_b^{-1} 接近 0 时，重力支配作用，渗透率越低，毛管尺寸越小，重力分异作用对渗吸的影响越弱：

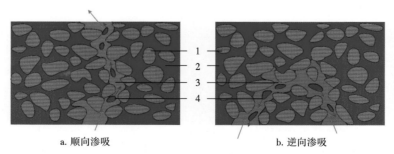

图 3-12 渗吸机理模式图

水进方向 ⟶ 排油方向 ⟶ 1—岩石骨架；2—基质中的原油；3—水相；4—渗吸置换出的油

$$N_{\mathrm{b}}^{-1} = C \frac{\sigma \sqrt{\phi / K}}{\Delta \rho g H} \qquad (3-10)$$

式中：C 为与多孔介质有关的常数；σ 为油水界面张力，mN/m；ϕ 为孔隙度；K 为渗透率，mD；Δp 为油水密度差，g/cm³；g 为重力加速度，cm²/s；H 为多孔介质高度，cm。

2. 渗吸导油模型的建立

在建立渗吸模型之前，明确实验目的，即通过实验对比层理缝与构造缝的渗吸效率、差异及其主控因素。因此本书的层理缝为广义上的层理缝（水平缝）——平行于地层层理发育的裂缝，构造缝为高角度到垂直于地层层理方向发育的裂缝（图3-13）。确定实验目的以后进行模型的选择。常规的渗吸实验没有考虑层理缝与构造缝的差异，一般直接使用直径25mm的标准岩心进行渗吸实验。本书根据不同的目的要求，设计四种渗吸导油实验模型。

图3-13 野外层理缝、构造缝发育特征

1）标准岩心——探究层理缝与构造缝渗吸效率

本书分别从纵向和横向钻取的方式取两组实际地层岩心（JHW043井 P_2l 段约2920m），垂直层理方向钻取岩心为V组样品，平行层理方向钻岩心取为H组样品。V组圆柱体上下底面即为模拟的层理缝，H组上下底面即为模拟的构造缝，如图3-14所示。柱塞样四

图3-14 标准岩心渗吸样品

71

周采用 φ25mm 的热缩管进行包裹，将岩心总是与外界隔开，实验过程仅有上下底面（模拟层理缝的缝面和构造缝的缝面）与压裂液接触反应。优点：可以准确测量样品孔隙度，计算孔隙空间，进而通过反应增重来计算渗吸效率。缺点：样品组数有限，无法对多组层理缝与构造缝渗吸效率差异进行对比。

2）长方体模型——探究层理缝与构造缝渗吸差异

利用加工碎样制作小尺度的长方体模型（图 3-15），通过质量法不间断对样品质量进行称重，动态的反应渗吸反应过程。优点：样品制备方便、饱和油程度高、多组实验对比反应层理缝与构造缝渗吸效果差异。缺点：样品准确的孔隙度未知，无法得到准确的渗吸效率。

图 3-15　质量法渗吸样品

3）大尺度模型——探究焖井过程层理缝与构造缝渗吸效率及差异

对全直径岩心进行如下切割（图 3-16）：将切割得到的岩心进行拼接，制作构造缝单缝模型和构造缝+层理缝双缝模型。构造缝模型两块岩心用玻璃胶拼接，右侧开启构造缝，

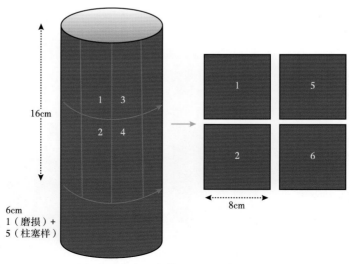

图 3-16　大尺度模型切割方案示意图

用石英砂进行充填；构造缝+层理缝模型两块岩心之间模拟层理缝，右侧开启构造缝，双缝之间均用石英砂进行充填。对模型岩心进行钻孔，埋电极，埋注水孔以及出水孔，制作防水层后使用环氧乙烯进行模型胶铸，72小时后环氧树脂干透，模型制作完成（图3-17）。优点：模型中间埋电极，通过测量电阻变化的方式动态的监控测点之间的流体变化，进而反应不同裂缝类型对岩心的渗吸效果。缺点：模型制作极其困难，操作难度高，失败率高。

图3-17　大尺度模型示意图

4）立方体模型——探究层理缝渗吸效率随深度变化

由于致密砂岩纵向非均质性强而沿层理发育方向均质性较好，沿同一层位制作7块边长为20mm的立方体岩心（图3-18），基本保证每块样品物性相同，孔隙空间大小相同。4块用于进行CT，1块用于探究不同的温度对渗吸效果的影响，1块用于探究不同地层压力对于最终渗吸效果的影响，1块进行对照实验。优点：模型制作简单，物性及孔隙空间基本相同，CT可以较为直观地对比不同裂缝类型不同深度渗吸效果的差异。缺点：CT费用高，实验样品无法完全控制到物性和孔隙空间相同。

图3-18　立方体岩心模型

73

三、渗吸导油物理模拟实验

1. 渗吸实验介绍

本书采用高精度天平（天平型号为岛津 AUW120D，精度 10^{-5}g），记录间隔为 1min，不间断地进行测量，记录质量变化。由于水、油的密度差，岩样吸水排油，因此质量逐渐增加。渗吸采出程度（渗吸效率）计算式为：

$$R = \frac{\Delta m}{(\rho_w - \rho_o)V_o} \tag{3-11}$$

式中：Δm 为 t 时刻岩样质量的增加值，g；ρ_w 为润湿相密度，g/cm³；ρ_o 为模拟油密度，g/cm³；V_o 为岩样饱和油的体积，cm³。

设计了高温高压渗吸实验装置—地层条件下大尺度致密岩心油水渗吸转换在线模拟装置（图 3-19），并进行地层温度条件下的油水渗吸置换实验。其中的核心模型即为压力容器装置。

图 3-19　地层条件下大尺度致密岩心油水渗吸转换在线模拟装置

装置的主要特征技术参数：（1）工作压力最高为 60MPa；（2）工作温度最高为 200℃；（3）腔体尺寸（大尺度）为 φ470mm×120mm（内径）。主要功能：（1）地层条件（高温高压）

下不同构造形迹（断层、裂缝）作为流体通道对两侧致密基质中油气的渗吸与排驱过程在线模拟；（2）高温高压下不同类型源储组合致密储层被成熟烃源岩生烃充注过程、成熟油气充注富集与散失过程、高温高压下低成熟页岩成烃演化与富集过程的在线模拟。系统优势：（1）将非常规油气生排烃模拟、成岩演化模拟、油气充注模拟、压裂液渗吸转换致密油一体化一站式模拟；（2）实时在线数据传输、数据成像成图显示和快速形成认识与得出结论。

将多块含油岩心放置在充满返排液的压力容器（核心模型）内部，压力容器耐压60MPa、耐温150℃，满足模拟地下温压需求。每隔一段时间打开反应装置，对岩心进行称重，通过其质量变化，换算出各个时刻对应渗吸量。本书目的是对比层理缝与构造缝渗吸置换的效率区别，故采用热缩管包裹岩心，控制岩心仅有柱体上下表面裸露，即可视为仅有构造缝作用或仅有层理缝作用下的渗吸置换。

A、B 两样品来源于吉木萨尔凹陷芦草沟组同一口井 JHW043 井（A 岩心深度 2925.4～2931.5m，B 岩心深度 2916.80～2925.40m），A 岩心为灰色油侵泥质粉砂岩，岩心出筒时新鲜断面油气味浓，平均孔隙度为 13.97%；B 岩心为灰色荧光粉砂质泥岩，岩心出筒时新鲜断面无油气味，平均孔隙度为 3.92%。两岩心分别有两块垂直层理和平行层理钻取的标准柱塞样，具体参数见表 3-8。同时将 A 岩心部分样品加工成不同规格的长方体，进行质量法实验，由于所有小块来源于同一块岩心的水平相邻位置，基本可以忽略其物性差异。

表 3-8　芦草沟组 JHW043 井岩心样品孔渗数据

样品号	Av1	Av2	Ah1	Ah2	Bv1	Bv2	Bh1	Bh2
孔隙度（%）	14.66	14.31	15.18	13.97	3.87	3.33	4.57	3.89
渗透率（μD）	2.12	0.89	3.58	2.91	1.00	0.81	1.26	0.46

注：v 为垂直层理钻取；h 为平行层理钻取。

两岩心实验均需将岩心进行饱和油处理，本次饱和用油为芦草沟组原油与煤油按照 1:4 的比例混合。常规的饱和油方式为抽真空法饱和，但是由于致密储层孔渗能力差，饱和效果不理想。在抽真空的基础上进行改进，先进行高温抽真空法进行饱和，饱和 48 小时后，再使用高压高温油驱的方法进行二次饱和 24 小时。经过计算，A 岩心饱和程度平均为 98.03%，B 岩心饱和程度平均为 95.61%。饱和程度较高，达到实验需求。

2. 渗吸导油实验结果分析

1）常温常压下层理缝与构造缝渗吸效率对比

图 3-20 为比表面积不同的构造缝样品与层理缝样品在常温常压下，渗吸效率随时间变化的情况。4 块样品分别为比表面积为 2/1 的层理缝样品、2/1 的构造缝样品、4/1 的构造缝样品和全裸露岩心样品 6/1（层理缝面积为 2cm^2、构造缝面积为 2cm^2、构造缝面积为 4cm^2、构造缝加层理缝面积共 6cm^3，该样品体积为 1cm^3）。从曲线中可以看出，渗吸过程可以分为三个阶段，即极速度增长阶段（0～1 小时）：在渗吸开始到 1 小时初期，各样品的渗吸效率急剧增长；快速增长阶段（1～15 小时），不同的比表面积的样品有所不同，比表面积越大，结束的时间越短，如全样品裸露（6/1），该阶段的结束时间约为 13 小时，

2/1层理缝样品的结束时间最长，约为27小时；第三阶段为缓慢增长到稳定不变阶段，最后增长速率基本为0，曲线基本平行横轴。对比层理缝与构造缝样品（2/1的层理缝样品、2/1的构造缝样品曲线），层理缝样品渗吸效率比构造缝小，且增长差距逐渐增大，直到进行第三个阶段后两者差距稳定，曲线平行，这时层理缝的渗吸效率约为构造的80%（40小时后）。渗吸周期长，两者差距越小。对比不同比表面积的构造缝样品，可以确定比表面积越大，最终渗吸效率越高。观察全裸露岩心渗吸效率曲线，可以发现其在第一个快速渗吸阶段，渗吸效率上升程度大于单一构造缝或单一层理缝样品，最后增长速率放缓，最终渗吸效率和单一构造缝样品对比差异不大。

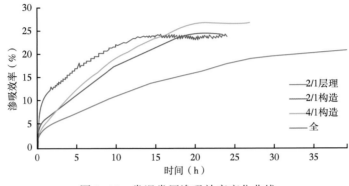

图3-20　常温常压渗吸效率变化曲线

对曲线进行进一步的分析和换算，可以得到下面几点基本认识：

（1）单位体积岩心样品渗吸质量差为 $6.5×10^{-3}～8.0×10^{-3} g/cm^3$，即每立方厘米岩心可以渗吸置换油体积约为 $0.0325～0.04 mL$。

（2）常温常压下，岩心样品的渗吸效率为 $20\%～27\%$。

（3）构造缝渗吸结束时间约为20小时，层理缝渗吸结束时间约为40小时，全暴露岩心渗吸结束时间约为14小时，即渗吸速度，构造缝大于层理缝。同时开启层理缝与构造缝进行渗吸可以极大地缩短渗吸时间。

（4）构造缝平均渗吸效率约为 26%，层理缝渗吸效率为 20%，层理缝渗吸效率约为构造缝的 77%。

（5）目前实验来看，增开层理缝不仅能有效地提高总的渗吸效率，同时可大大缩短渗吸时间。

（6）模拟常温常压下致密岩心不同裂缝类型油水渗吸置换过程与结果，可总结为极速渗吸阶段、快速渗吸阶段和缓慢—停止渗吸阶段的三段式渗吸置换模式（图3-21）

（7）通过对渗吸第一阶段与第二阶段拐点的观察，发现构造缝样品先出现拐点，并且变化幅度较大，层理缝样品后出现拐点，变化较为平稳，而全暴露岩心拐点的出现时间与变化幅度介于二者之间。推测构造缝样品沿层理方向排列的孔隙及微裂缝快速发生渗吸导致。

2）高温高压下层理缝与构造缝渗吸效率对比

实验过程为洗油；烘干；测孔隙度、渗透率；称干重；饱和油；称湿重；用热缩管紧

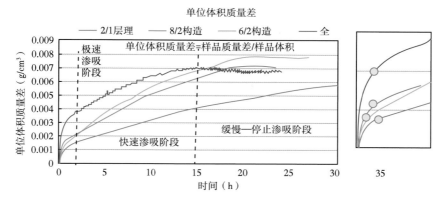

图3-21　常温常压致密岩心纵横裂缝油水自然渗吸的三段式渗吸置换模式

紧包裹柱塞样侧面（以控制裂缝类型）；放入高温高压反应容器模拟油水渗吸置换过程；间隔一定时间取出样品称重，记录质量数据成表。

　　本次地层条件下的致密油储层裂缝的渗吸实验，控制压力为30MPa（井口压力），调节不同的温度模拟不同地层情况。如图3-22和图3-23所示，孔隙度较低（3.92%）的B岩心最终渗吸效果略高于孔隙度较高（13.97%）的A岩心，平均渗吸效果提高5.7%左右；A岩心B岩心内进行对比，可以发现构造缝样品渗吸效果略高于层理缝样品约6.7%。对同一组样品不同温度情况下的渗吸效率对比，发现提高温度可以提高岩心渗吸效率，但是A、B两岩心渗吸效率差异以及同一岩心内不同裂缝类型样品渗吸效率差异呈现缩小的趋势。

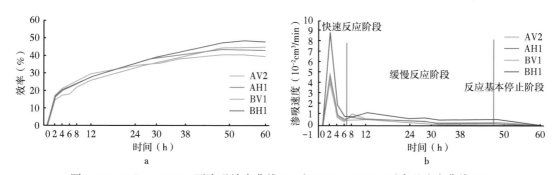

图3-22　80℃、30MPa下渗吸效率曲线（a）和80℃、30MPa下渗吸速度曲线（b）

　　从渗吸速度曲线来看，渗吸反应仍然可以分为三个阶段，第一阶段为快速渗吸反应阶段，第二阶段为缓慢渗吸反应阶段，第三阶段为反应基本停止渗吸阶段。

　　（1）对比不同反应温度可以发现，升高反应温度，可以加快渗吸速度，并将反应进程提前。

　　（2）相同实验条件下，在快速反应阶段，层理缝与构造缝反应速度差异较小。但在缓慢反应阶段，构造缝模型渗吸速度大于层理缝模型。

　　（3）相同反应条件下，孔隙度小（渗透率低）的A岩心渗吸反应速度大于孔隙度大

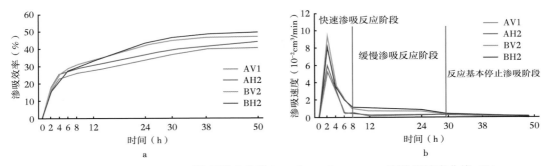

图 3-23　100℃、30MPa 下渗吸效率曲线（a）和 100℃、30MPa 下渗吸速度曲线（b）

（渗透率高）的 B 岩心。

（4）最终层理缝的渗吸效率约是构造缝的渗吸效率的 80% 以上。

（5）孔渗好的岩心发生渗吸反应的量大，但是渗吸反应没有孔渗差的岩心彻底，即最终渗吸效率与孔渗能力成反比，孔隙度、渗透率越差，渗吸效率越好。

（6）对于同一储层，构造缝渗吸效果好于层理缝 7.9% 左右。

（7）三段式渗吸置换模式：渗吸反应前 6 小时反应较快，6~30 小时渗吸置换速度明显减缓，30 小时之后反应逐渐停止。

（8）孔渗较好的岩心，最终渗吸置换出的油较多，但是渗吸效率低于孔渗较差岩心。

（9）通过两次实验对比，渗吸反应可以分为三个阶段：快速反应渗吸阶段 0~6 小时，缓慢反应渗吸阶段 6~50 小时，50 小时以上为反应基本停止渗吸阶段。

通过对地层温压下层理缝与构造缝渗吸效率对比（图 3-22 和图 3-23）可知：（1）孔隙度较低（5.9%）的 B 岩心最终渗吸效果略高于孔隙度较高（14.5%）的 A 岩心，平均渗吸效果提高 5.7% 左右；（2）A 岩心和 B 岩心进行对比，可以发现构造缝样品渗吸效果略高于层理缝样品约 6.7%；（3）对同一组样品不同温度情况下的渗吸效率对比，发现提高温度可以缩短渗吸置换时间（近 50 小时缩短到 30 小时），提高岩心渗吸效率（48% 提高到超过 50%）。

四、层理缝与构造缝渗吸效率差异原因分析

通过上述研究，初步得到两个结论：（1）在致密条件下，孔隙度小（渗透率低）的岩心渗吸速度大于孔隙度大（渗透率高）的岩心；（2）层理缝渗吸速度及效率略低于构造缝渗吸效率。由于岩石垂向和横向渗透率差异，垂向渗透率远远低于横向渗透率，导致这两点结论看似矛盾，实则不然。本书从铸体薄片观察和 CT 分析两个途径进行层理缝与构造缝渗吸效率差异研究。

1. 铸体薄片观察

前人对渗吸主控因素做出过大量研究，其主控因素为孔隙度、渗透率、润湿性、温度、流体黏度等。因此本书对以上因素不做过多研究，研究重点在于判断层理缝与构造缝渗吸效率的区别。主要实验手段为薄片观察法，A、B 两岩心分别沿垂直层理方向（构造缝剖面）和平行层理方向（层理缝剖面）制作 16 个铸体薄片。从岩石薄片中，可以更加直

观地看出，芦草沟组层理异常发育的特点，纹层厚度在 0.1~3mm 之间，属于薄纹层，层理呈直线状并且相互平行，属于水平层理，反应沉积水动力较弱的特点（图 3-24）。

图 3-24 JHW043 井上"甜点"致密油储层岩心铸体薄片

构造缝剖面薄片可以看到微裂缝平行层理发育，微裂缝开度在 10~20μm 之间，长度在 200~400μm 之间，溶蚀孔隙发育程度较高，约占总孔隙的 65%，镜下可观察到少量残余粒间孔（图 3-25）。并且溶蚀孔多发育在泥质含量较高的区域，推测其成因为生烃形成有机酸溶解方解石与长石等矿物形成。临近溶孔连接成缝，进一步发育可形成肉眼可见的开启的层理缝。部分微裂缝连接成长度更长的层理缝。A 岩心面孔率为 4%~5%。

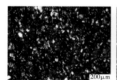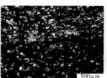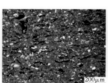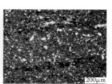

图 3-25 构造缝剖面孔、缝特征

层理缝剖面薄片面孔率与构造缝剖面薄片基本一致，但是孔隙未连接成微裂缝，连通性较差，导致垂向渗透率低于水平渗透率（图 3-26）。

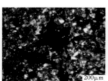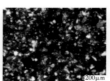

图 3-26 层理缝剖面孔、缝特征

通过对薄片照片的观察（每组的左边是普通薄片，右边是荧光薄片），可以发现构造缝剖面（实际上看的是层理缝情况）原油呈条带状沿纹理、纹层、层理裂缝展布，与邻近裂缝连通较好的裂缝中含油较少，而孤立的孔缝中含油较多（图3-27）。层理缝剖面（实际上多反映的是构造缝缝面的情况）观察到含油量较少，可能沿该方向原油更容易散失，残余油呈满天星状无规律的分布于孔隙中（图3-28）。

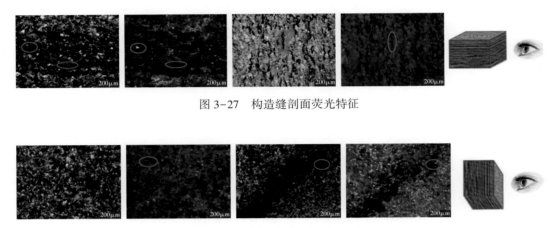

图 3-27 构造缝剖面荧光特征

图 3-28 层理缝剖面荧光特征

综合上述，通过对铸体薄片及荧光照片观察，不难发现研究区致密储层在水平（层理缝剖面）和垂直（构造缝剖面）方向存在明显的各向异性。从构造缝方向观察，孔隙呈狭长状，相邻孔隙可以连接成微裂缝，甚至进一步形成层理缝，并且石油富集在连通性较好的孔隙及微裂缝中；从层理缝方向观察，孔隙连通性较差，并且石油呈满天星状无规则的分布于孔隙中。因此油气更容易沿水平方向的狭长孔隙、微裂缝等运移到构造缝中，反映了层理缝与构造缝具有明显不同的石油运、聚、渗、吸特征。

2. 常温常压纵横裂缝水自然渗吸致密岩心实验

实验目的：模拟常温常压下不同产状的裂缝（纵向构造缝和横向层理缝）的基质（致密储层）对水的渗吸程度及其影响范围。

实验和观察装置是带盖子的培养皿和80μm的多层螺旋CT仪。

岩心样品仍然来自JHW043井"甜点"层（深度2916.80~2931.5m），灰白色泥质粉砂，纹理十分发育。本书使用精度为80μm的多层螺旋CT仪对4块2cm×2cm×2cm的立方体岩心进行CT分析（图3-29），A、C岩心分别为B、D岩心相邻的切块，肉眼观察岩性及层理发育与B、D基本一致，作为实验对照组（认为A与B物性相同，A为实验前样品，B为实验后样品，C、D同理）。选取4块规格统一，物性接近的立方体岩心，先将样品用乙醚进行洗油7天，然后烘干处理。烘干完毕后，A、C作为对照组不在处理，B构造缝面朝下，D层理缝面朝下，底面与水接触（图3-30），吸水24小时后与A、C一同进行CT处理。A岩心孔隙度为15.4%，B样品孔隙度（吸水后）为6.4%，C样品孔隙度为12.6%，D样品孔隙度（吸水后）为4.6%，A、C孔隙度CT测试结果与气测孔隙度基本一致。渗透率为0.5~3.5μD，非常致密。

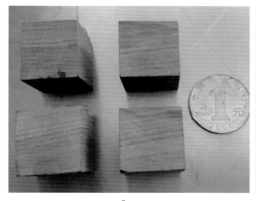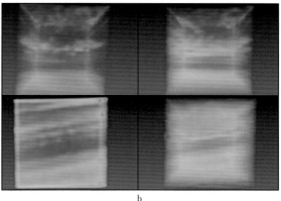

a　　　　　　　　　　　　b

图3-29　立方体岩心样品（a）、CT图像（b）
A、C为干岩心，B、D为吸水岩心

图3-30　实验过程图
反映层理缝面向下的情况

　　将A、B两个扫描结果进行对比，可以发现B整体颜色加深（颜色越红，因渗吸进水孔隙度越小），孔隙度下降，由15.37%下降为6.05%，孔隙度损失比例达60.64%（表3-9）。并且B整体颜色较为均匀，左侧颜色略深，右侧略浅，说明构造缝渗吸深度较大，基本达到岩心顶部。

表3-9　4个样品渗吸前后孔隙度的变化

样品	干燥情况下孔隙度（%）	水湿渗吸后孔隙度（%）	孔隙度损失率（渗吸效率）（%）
构造缝渗吸样品	15.37（A）	6.05（B）	60.64
层理缝渗吸样品	12.59（C）	4.55（D）	63.86

　　将 C、D 两个扫描结果进行对比，可以发现 D 颜色加深较为明显，孔隙度由 12.59%
下降为 4.55%，下降比例达 63.86%（表3-9）。D 整体颜色不均匀，下部颜色深、孔隙度
小，上部颜色浅、孔隙度大。D 样品下部孔隙度损失明显，而上部孔隙度基本没有降低，
渗吸高度约为一半左右。

　　两组实验结果进行对比，发现构造缝渗吸深度大于层理缝，但是孔隙度损失小于层理
缝，即渗吸效果低于层理缝模型（图3-31、图3-32）。产生这一现象的原因为，渗吸效果
不仅受毛管力作用，还受重力影响，构造缝吸水样品由于沿层理发育方向大量孔隙连通性
较好，喉道较大，这部分孔隙渗吸毛管力相对较小，受重力影响明显，吸水高度较低。由
于这些连通性好，喉道较粗的大孔隙渗吸效果较差，导致整体渗吸效果低于层理缝模型。
从图中可以看出，D 样品（反映层理缝）虽然渗吸高度低于 B 样品，但是渗吸高度以下基
质孔隙度基本完全损失（反映水渗吸进入孔隙系统的程度高），从而导致渗吸整体效果
较好。

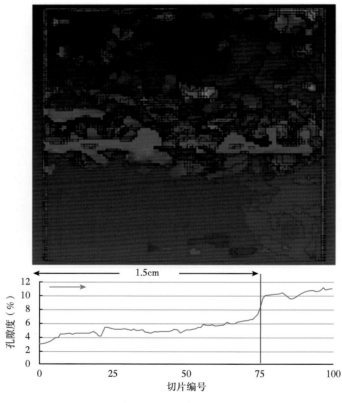

图3-31　构造缝渗吸模型 CT 分析结果
B 样品 CT 孔隙重构图像及孔隙度分析

　　实验表明，构造缝的油水渗吸置换的深度是 1.5cm，层理缝油水渗吸置换的深度 1cm。
但构造缝渗吸效果低于层理缝。

　　综合铸体薄片观察与 CT 分析，可以得到如下几点认识：

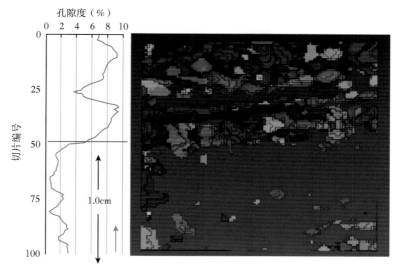

图 3-32　层理缝渗吸模型 CT 分析结果

D 样品 CT 孔隙重构图像及孔隙度分析

（1）研究区芦草沟组层理纹理发育，纹层厚度在 0.1~3mm 之间，属于薄纹层韵律层。

（2）沿层理方向发育微裂缝（纹理缝等），开度在 10~20μm 之间，长度在 200~400μm 之间，水平微裂缝的发育是导致水平渗透率远远高于垂直渗透率的主要原因。

（3）层理方向孔隙连通性较好，原油在基质中沿层理方向展布，分布于微裂缝及孔隙中。

（4）在考虑重力影响的情况下，构造缝模型由于孔隙较大，毛管力较小，受重力影响明显，较大孔隙较难发生渗吸反应，导致渗吸效果低于层理缝模型。

（5）层理缝面吸水模型虽然渗吸深度低于构造缝面吸水模型，但由于反应区域渗吸反应彻底，渗吸效果好于构造缝。

（6）由于实验条件限制，CT 分析未能完全模拟储层油水渗吸过程，但在一定程度上说明层理缝渗吸效果并不比构造缝差，甚至在考虑重力条件、不考虑油水渗吸置换物性下限的情况下优于构造缝模型。

（7）致密条件下，构造缝与层理缝都具有自发渗吸的能力。但由于纵向孔喉更狭窄，存在较强的贾敏效应，导致层理缝自发渗吸能力下降，低于构造缝。本实验中，构造缝的自发渗吸深度为 1.5cm，层理缝为 1.0cm。

第三节　焖井及开发过程中层理缝渗吸导油类型及效率

一、露头样品模拟实验

露头样品来源于吉木萨尔县宝明矿业芦草沟组露头致密砂岩，实测孔隙度约为 3.6%，平行层理缝渗透率为 1.3μD，垂直层理缝为 0.7μD。将岩心进行切割，制作成 4 块 10cm×

8cm×2cm 的长方体岩心。先对岩心进行 72 小时抽真空饱和，然后在 27MPa、80℃的环境下加模拟油（原油与煤油之比为 1:4）高压饱和 72 小时，质量基本不再变化，通过称量前后质量变化，计算饱和程度约为 80%。将 4 块岩心拼接成两组模型，在指定位置钻孔、埋电极和进水孔及出水孔，制作防水层，使用环氧树脂进行胶铸。48 小时后环氧树脂完全凝固，再使用焊锡枪将模型与仪器进行连接并制作防水层，模型制作完毕（图 3-33）。将模型置于"地层条件下大尺度致密岩心油水渗吸转换在线模拟装置"（图 3-34）的压力釜（核心模型）中，进行升温、加压，模拟地层的温压环境，在 27MPa（相当于井口压力）、80℃（地下油层温度）的条件下，裂缝中的压裂液与基质中的原油发生渗吸置换反应，随着反应的进行，模型质量（水通过渗吸转换致密样品中的石油）逐渐增加，并且电极之间的所测量的含油饱和度逐渐下降，电阻逐渐降低。待电阻曲线平稳后，认为反应基本停止。通过前后质量变化，换算渗吸效率，通过动态的电阻变化反应动态的含油饱和度变化。

图 3-33　大尺度模型前期处理与准备

1. 渗吸效率

渗吸效率可以通过以下的公式进行计算：

$$V_{置换} = \frac{M_2 - M_1}{\rho_w - \rho_o} \qquad (3-12)$$

主体系统：
模拟装置：恒温箱
主要技术参数：
腔体尺寸：$\phi470mm \times 120mm$
注入泵流量：30mL/min
最高压力：40MPa
工作温度：0~200℃

注入系统：
两台高压恒速恒压泵、空压机一台
主要技术参数：
注入泵型号：HDH-250C型
空压机型号：TW-3
恒压泵主要技术参数
压力：0~60MPa/0.1MPa
流速：0.001-30mL/min/ ± 0.5%

采集—演示系统：
电桥、台式电脑
电桥型号：TH2819A精密
LCR数字电桥
电脑：联想

图 3-34　地层条件大尺度致密岩心油水渗吸置换物理模拟系统

$$\Delta S_{\text{o}} = \frac{V_{\text{置换}}}{\text{总孔隙体积}} = S'_{\text{o}} - S_{\text{o}} \qquad (3-13)$$

$$\eta = \frac{\Delta S_{\text{o}}}{S_{\text{o}}} \qquad (3-14)$$

式中：$V_{\text{置换}}$为油水渗吸置换体积；$M_2 - M_1$为反应前后模型质量差；$\rho_{\text{w}} - \rho_{\text{o}}$为水油密度差；$S_{\text{o}}$为反应后含油饱和度；$S'_{\text{o}}$为反应前含油饱和度；$\eta$为渗吸效率。

经过换算，双缝模型渗吸效率为 61.6%，单缝模型为 57.5%，前者比后者高 4.1%。因此单一构造缝的渗吸效率为 57.5%，在构造缝开启的情况下，开启层理缝，渗吸效率总体增加 4.1%（表 3-10）。

表 3-10　单缝模型与双缝模型渗吸效率对比

模型	面积 (cm^2)	干重 (g)	总孔体积 (mL)	饱和油重 (g)	反应前 S_{o}(%)	反应后重（g）	置换体积 (mL)	最终 S_{o}(%)	ΔS_{o} (%)	效率 (%)
构造缝模型	32	794.603	11.262	801.830	80.2	802.863	5.192	34.1	46.1	57.5
构造缝+层理缝模型	32+40	788.989	11.183	796.060	79.0	797.144	5.446	30.3	48.7	61.6

2. 电阻变化

1）缝中电阻变化

两组模型示意图如图 3-35b 所示，其中电阻 7、8 埋在层理缝+构造缝模型中，电阻 12、14 埋在构造缝模型中（电阻 13、15 未测出）。电阻 7、8、12、14 变化如图 3-34a 所示，对曲线进行分析：

-24~-6 小时未加压：为压力釜升温阶段，随着温度升高，电阻值降低，温度稳定后，电阻值稳定；

-6～0 小时加压阶段：温压变化较大，电阻值不稳定；

0～120 小时为有效的渗吸反应阶段：前期 0～72 小时随着渗吸置换反应的发生和进行，缝中含油饱和度升高，电阻迅速增大，后期（72 小时以后）稳定，含油饱和度基本不在变化，电阻值曲线趋于平缓。表明 0～72 小时裂缝渗吸置换效果明显，72～120 小时渗吸置换减缓至停止。

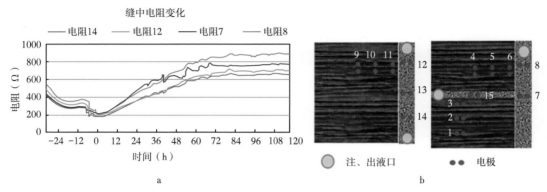

图 3-35　缝中电阻变化曲线（a）和模型示意图（b）

对比电阻 7、8 与电阻 12、14 之间的关系，可以发现双缝模型中的电阻 7、8 的电阻上升比单一构造缝模型中电阻上升快，并且最终的电阻值高，反应双缝模型缝中含油饱和度上升快，并且最终含油程度高。通过最终缝中的采出物观察可以看出，双缝模型中油渍更加明显。观察电阻变化曲线，单缝模型电阻平均上升 350%，双缝模型电阻平均上升 387%，双缝模型优于单缝模型 10.6%（可以认为这 10.6% 是由层理缝的贡献）；通过综合缝中电阻变化曲线和产出物油渍观察，认为双缝模型渗吸置换效果好于构造缝模型。

2）裂缝两侧岩石基质中电阻变化

电阻 5、6 埋在层理缝+构造缝模型的双缝模型中，电阻 9、10、11 埋在构造缝模型中（其余测点的数据未测出）（图 3-36）。

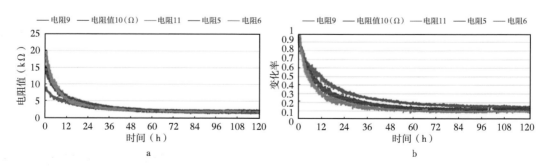

图 3-36　岩石中电阻值变化曲线（a）和岩石中电阻值变化率曲线（b）

曲线分析：

（1）0 小时之前，为加温加压阶段，岩石中电阻变化剧烈，未做处理。

（2）0~72 小时，渗吸反应快速阶段，岩石中的含油饱和度降低、含水饱和度升高，电阻值快速下降；其中 0~12 小时电阻值变化最大，单缝模型电阻变化率平均为 60.0%，不同深度电阻变化明显，依次为 67.1%、59.3%、47.6%；不同模型之间变化不明显，后续用含油饱和度变化说明。

（3）72~120 小时，渗吸反应减缓至基本不反应，岩石中含油饱和度基本不变，电阻值平稳。

对比分析：

（1）距离缝越近，电阻值下降越快，下降幅度越高，即渗吸速度越快，渗吸程度越高。

（2）两组模型对比发现，有层理缝模型，渗吸速度越快，渗吸程度越高。

（3）对不同电极位置的渗吸反应速度以及反应程度进行排序，依次为：电阻6>电阻11>电阻5>电阻10>电阻9。

3. 含油饱和度变化

对岩石基质中不同电极之间的含油饱和度进行计算，得到表 3-11，并根据油水运移模型软件动态测量的各电极点之间的电阻换算动态的含油饱和度变化曲线，如图 3-37 所示。

表 3-11　反应前后含油饱和度变化对比

模型	构造缝			层理缝+构造缝	
测点	测点 9	测点 10	测点 11	测点 5	测点 6
初始含油饱和度（%）	80.2	80.2	80.2	79.0	79.0
反应后含油饱和度（%）	47.7	43.0	36.8	39.6	32.0
含油饱和度差值（%）	32.5	37.2	43.4	39.4	47.0
效率（%）	40.5	46.4	54.1	49.9	59.5

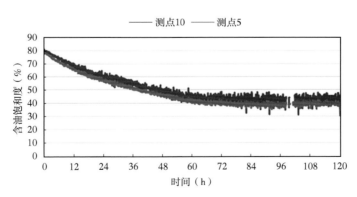

图 3-37　两组模型同一位置含油饱和度对比图（测点 10、5）

曲线分析：

（1）0~72 小时，渗吸反应快速阶段，岩石中的含油饱和度降低、含水饱和度升高。

（2）72~120 小时，渗吸反应减缓至基本不反应，岩石中含油饱和度基本不变，曲线趋于平稳。

对比分析：

（1）同一模型—距离缝越近，反应越快，渗吸效果越明显。

（2）模型之间—同一位置，双缝模型含油饱和度变化更加明显，渗吸效果更好。

结论：

（1）单缝模型平均效率为 50.3%，双缝模型平均效率为 54.7%，可认为层理缝贡献 4.4%、构造缝贡献 50.3%，即增开单位面积层理缝，渗吸效果提高 7.0%。

（2）同一模型中，离缝越近，渗吸效果越好。

4. 露头样品小结

本次实验主要模拟芦草沟组的温压条件下，层理缝与构造缝渗吸导油的差异性。通过对两组模型不同位置的电阻值进行连续的测量，利用阿尔奇公式，还原含油饱和度的变化曲线，研究层理缝、构造缝渗吸导油的差异性。

通过对孔隙度为 3.6%、横向渗透率 $K_{横} = 1.3\mu D$、纵向渗透率 $K_{纵} = 0.7\mu D$ 的致密储层进行焖井模拟情况下（压力为 27MPa，温度为 80℃），层理缝、层理缝+构造缝油水渗吸置换效率物理模拟实验，取得如下初步结论：

（1）裂缝（包括构造缝和层理缝）中的压裂液都能渗吸置换基质中的石油。

（2）距离裂缝越近，裂缝中的压裂液对其石油置换效率越高。

（3）增开单位面积层理缝，压裂液置换石油的效率提高 7.0%。

5. 讨论

（1）质量法渗吸效果大于电法，可能是由于初始含油饱和度较低，实验过程中部分压裂液被压入孔隙中，而在计算过程中，将前后质量差认为是渗吸效果产生的。

（2）由于耐高温高压的模型制作困难，6 对电极没有采出数据，数据点较少，相对误差大。

二、真实岩心模拟实验

本次大尺度模型分为两组：（1）构造缝模型；（2）层理缝、构造缝共存模型。两组模型尺寸为 16cm×8cm×2.5cm，两组样品来自 JHW043 井芦草沟组，孔隙度为 14.0%，渗透率在 0.4~3.6μD 之间，纵横向渗透率差异不明显。两组模型在一个压力容器内进行实验，保证实验的可靠性。

实验过程：

（1）两个模型进行抽真空饱和油，然后 30MPa、90℃ 环境下饱和 3 天，到质量基本不在变化为止，饱和程度约 87.6%，称重。

（2）放入高压釜中进行焖井实验（30MPa、90℃），直到相关曲线不再变化为止。

（3）实验结束后，称重，确定因渗吸置换导致的质量变化，计算油水置换体积，推算渗吸效率。

（4）根据实验过程中电阻率变化反应岩石含油饱和度变化，建立含油饱和度变化曲线，进一步绘制渗吸效率曲线。

1. 电阻变化

1）缝中电阻值变化

电阻 7、8、12 分别埋在双缝模型和单缝模型的裂缝中，其电阻值变化如图 3-38 所示。

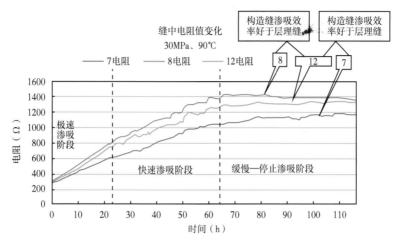

图 3-38 真实岩心缝中各电阻随时间的变化（三段式渗吸置换模式）

对比同一模型中的电阻 7、8 电阻值变化，电阻 8 高于电阻 7，表明构造缝效果比层理缝渗吸置换出的油多，构造缝效果好于层理缝，105 小时稳定后，层理缝的渗吸效率大约是构造缝的 84%。

对比同一位置的电阻 8 和 12，电阻 8 高于电阻 12，表明开启双缝，能够有效地提高原油的渗吸转换出的程度。并且电阻 8 曲线在 65 小时左右产生转折端，电阻不再升高，表明在 65 小时左右，双缝模型渗吸转换反应基本停止，并且渗吸效果较好。而电阻 12 在 65 小时仍在继续增大，并且转折点不明显。表明单缝模型渗吸速度比双缝模型小，并且渗吸反应程度不高，但最终二者趋于合并，表明最终两者渗吸反应效率趋于一致，因为二者均处于构造缝中。

2）基质中电阻值变化

电阻 1、2、4、5、9 五对电极有读数，其余未测试出，其电阻值变化曲线如图 3-39 所示。

电阻值曲线变化形态与第一次试验大致相同。反应基本发生在前 72 小时以内，以 0～16 小时内反应最为快速，72 小时以后反应基本停止。

通过分析测量电阻值的变化，得到如下结论：

（1）电阻 1、9 比电阻 4 变化率大，表明沿构造缝方向，渗吸反应更快，油水转换反应程度更高（与层理缝相比）。

（2）对比电阻 1、2 和电阻 4、5，表明与缝越近的地方发生渗吸反应的速率比与缝距离远的地方更快，渗吸转换程度更高。

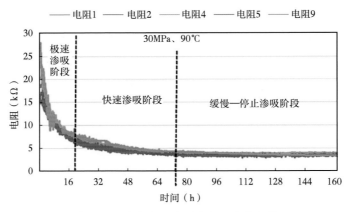

图 3-39 真实岩心基质中电阻变化曲线

2. 模拟基质中测点含油饱和度变化

借助阿尔奇公式对五对电阻 1、2、4、5、9 的电阻值与含油饱和度关系进行换算，得到对应含油饱和度变化曲线（图 3-40）。

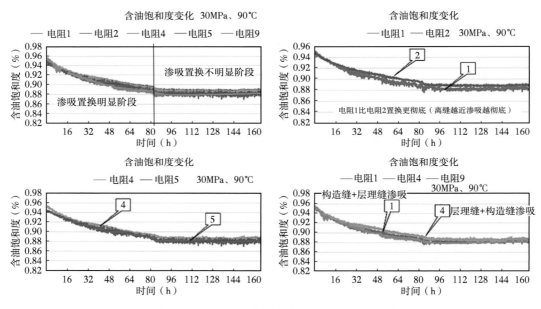

图 3-40 真实岩心各测点含油饱和度变化曲线

认识：大尺度模型渗吸量较小，渗吸效率约为 6.5%，与之前露头岩心差异较大，推测原因为阿尔奇公式适用问题（当饱和油程度较高，$1-S_o$ 接近 0 时，n 的取值影响过大）。

（1）电阻 1 和 9 处含油饱和度下降平均约为 6.82%，4 处含油饱和度下降约 6.4%，即构造缝效果约比层理缝效果好 6.6% 左右。

（2）电阻 1、2、4、5 均测量出含油饱和度变化，而电阻 3、6 未测出电阻值，推测渗吸深度达到电阻2、3和电阻5、6之间，在1.5~3cm之间。

综合两类（野外和岩心）大尺度模型实验，可以得到以下几点认识：

（1）裂缝（包括构造缝和层理缝）中的压裂液都能渗吸置换基质中的石油；构造缝油水渗吸转换效率比层理缝略高，层理缝的渗吸效率大约是构造缝的84%。

（2）距离裂缝越近，裂缝中的压裂液对其石油置换效率越高。

（3）在开启构造缝的基础上增开层理缝可以明显提高渗吸效率。

（4）大尺度模型油水渗吸转换的深度在1.5~3cm之间。

三、构造缝和层理缝油水渗吸置换模式

综合以上成果，建立了构造缝和层理缝油水渗吸置换模式。构造缝油水渗吸置换表现为，受孔隙结构制约，有利于渗吸置换死孔，渗吸置换效率高于层理缝（图3-41a）。层理缝受孔隙结构制约，不利于渗吸置换死孔，渗吸置换效率不如构造缝（图3-41）。

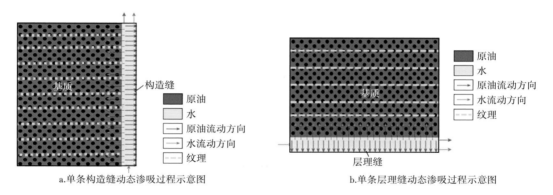

a.单条构造缝动态渗吸过程示意图　　　　　　b.单条层理缝动态渗吸过程示意图

图3-41　构造缝与层理缝的油水渗吸置换模式图

第四章　吉木萨尔页岩储层
体积压裂研究及应用

页岩油储层具有低孔低渗透的特征，储层开采增产的主要措施就是采用钻水平井、水力压裂方式实现全井段储层缝网体积改造以获得理想产能，压裂改造缝网由主裂缝和多级次生裂缝相互交织而成的人工复杂裂缝网络为主。然而，影响页岩压裂缝网形态的因素较多，缝网的扩展方式和空间展布尚不明确，三维压裂缝网数值模拟技术为研究压裂缝网提供了一种有效的方法。本章采用三维压裂反演手段对吉木萨尔页岩工区压裂缝网进行特征统计，基于渗流力学、现代解释理论、数值试井解释方法，考虑页岩油藏复杂渗流特征、压裂裂缝形态，建立页岩油藏多段压裂水平井试井分析方法。最后利用建立试井解释模型进行模拟研究，得到吉木萨尔页岩油藏多段压裂水平井合理井距优化方法，裂缝簇间距优化方法，合理焖井时间优化方法。

第一节　页岩压裂缝网主控因素及压裂模拟研究

在页岩油储层水平井压裂过程中，受到储层应力场与天然裂缝的共同影响，水力裂缝的扩展相对复杂。为准确地对三维水力裂缝扩展进行表征，需要结合地应力场和天然裂缝分布情况，遵循摩尔库伦准则进行三维压裂缝扩展模拟。研究工区发育天然裂缝（构造缝、层理缝），在模拟过程中需综合考虑裂缝、岩性、地应力场等因素对裂缝扩展的影响。本节基于钻井、测井、压裂改造、生产测试等现场数据，采用地质工程一体化研究思路，开展天然裂缝精细描述，全三维体积压裂模拟立体再现工区压裂缝网特征。

一、典型平台井三维压裂反演

以 JHW031 平台为例进行压裂反演研究。天然裂缝特征：井区发育 5 条断裂，产状主要为北东、北西向，中部层理较发育（图 4-1）。

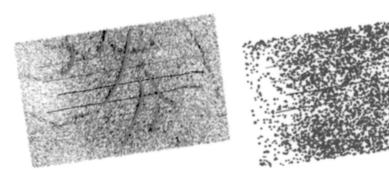

a.构造缝模型　　　　　　　　　　　b.层理缝模型

图 4-1　JHW031 平台天然裂缝模型

地应力场特征：井组钻遇储层为低应力层，井组下部广泛展布应力隔层，趾端上部发育隔层。

1. 压裂模拟情况

031号平台井压裂裂缝缝网形态以天然裂缝型为主，天然裂缝缝网类型平均所占比例达97%，其中JHW035井天然裂缝所占比例相对较低，为89%；其他井天然裂缝所占比例均在90%以上，甚至可达100%，如JHW032井、JHW034井、JHW036井（表4-1）。

表4-1 JHW031平台"压裂缝形态"统计表

井号	裂缝合计	水力主缝		水力主缝+天然裂缝		天然裂缝	
		数量（条）	占比（%）	数量（条）	占比（%）	数量（条）	占比（%）
JHW031	34	0	0	1	2.94	33	97.06
JHW032	33	0	0	0	0	33	100
JHW033	33	1	3.03	0	0	32	96.97
JHW034	30	0	0	0	0	30	100
JHW035	28	0	0	3	10.71	25	89.29
JHW036	33	0	0	0	0	33	100
小计	191	1	0.52	4	2.09	186	97.38

沟通程度：031号平台整体改造效果较好，且各压裂段改造充分，整体压裂缝网改造后形成85%以上正常压裂改造段，仅JHW032井（66.67%）和JHW036井（72.73%）相对较差（表4-2）。由于部分井段压窜，沟通邻井压裂缝，对储层改造不利，分析其原因发现，两口井井距较小，存在大面积压窜现象（图4-2）。

表4-2 JHW031平台改造效果统计表

井号	段数合计	正常段		改造不充分			井窜		
							本井		
		段数	占比（%）	井段	段数	占比（%）	井段	段数	占比（%）
JHW031	34	33	97.06	—	0	0	24	1	2.94
JHW032	33	22	66.67	1~7、26~28	10	30.3	25	1	3.03
JHW033	33	31	93.94	—	0	0	8、33	2	6.06
JHW034	30	28	93.33	—	0	0	5、17	2	6.67
JHW035	28	26	92.86	—	0	0	4、5	2	7.14
JHW036	33	24	72.73	26~32	7	21.21	7、8	2	6.06
小计	191	164	85.86		17	8.9		10	5.24

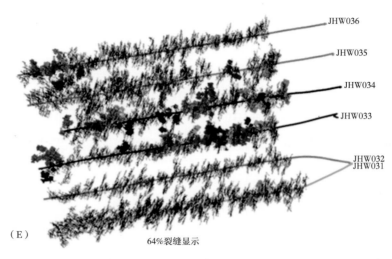

（E）　　　　　　64%裂缝显示

图 4-2　JHW031 平台三维压裂缝网图

2. 动态拟合情况

结合平台压裂缝网，开展生产动态模拟分析，进行整体压后生产动态拟合。整体上拟合程度较好，达 90% 以上，表明缝网模型较为可靠。但是油井初期日产高，递减较快，还需进行压裂及生产制度的优化。

3. 压窜分析

JHW031 井组压裂施工过程中，邻井压力监测数据显示存在"压窜"现象。分析主要是受到 F1、F2 断层的影响。

二、工区压裂缝网特征统计

压裂后的缝网构成整体较好，压裂改造主要以激活井周天然裂缝为主，部分井段激活天然裂缝（表 4-3）。

表 4-3　"压裂缝形态"统计表

平台号	裂缝合计	水力主缝		水力主缝+天然裂缝		天然裂缝	
		数量（条）	占比（%）	数量（条）	占比（%）	数量（条）	占比（%）
JHW031	191	1	0.52	4	2.09	186	97.38
JHW041	147	0	0	3	2.04	144	97.96

1. 压裂干扰特征

1）断裂带对压裂缝网扩展干扰

带状天然裂缝对压裂缝网起吸引作用，压裂液多沿断裂带流动，造成井窜。

2）平台井间压裂干扰

压裂液沿断裂带形成窜流，造成井间干扰，工区多个平台均存在压窜现象。JHW031 井组压裂施工过程中，邻井压力监测数据显示存在压窜现象。分析主要是受到 F1 断层、

F2 断层的影响。

3）老井影响导致的干扰

模拟工区 5 号平台（J10064_H 井、JHW00525 井、JHW00526 井），该平台老井（J10064_H 井）压后生产造成的应力低值区对新井裂缝扩展起到吸引作用。当压裂段距离应力低值区较远，两侧均衡扩展；而当压裂段紧邻应力低值区，压裂缝网向低值区扩展（图 4-3）。

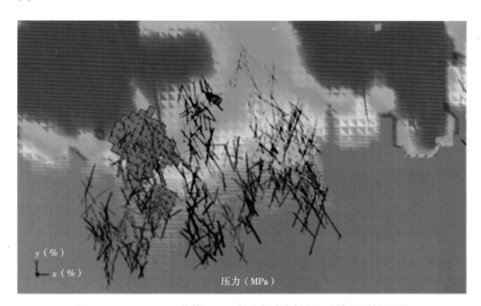

图 4-3　JHW00525 井第 6~10 段（非对称扩展）三维压裂缝网图

2. 套变特征分析

由于套管变形，压裂施工过程在压裂前、压裂中、压裂后均有发生套变。分析套变原因主要与断裂发育相关，同时钻井、储层改造导致断裂面失稳、错动，也会损坏套管。整体上东南工区断裂系统发育，套变液较为严重（表 4-4）。

表 4-4　工区断点、套变点重合率统计表统计

井号	蚂蚁体断点数量	套变点数量	重合率（%）
JHW041	1	1	100.0
JHW044	3	3	100.0
JHW00422	7	3	42.7
JHW033	4	1	25.0
小计	15	8	53.3

第二节 多段压裂水平井试井测试资料解释 分析与压裂改造效果评价

页岩储层大型压裂研究中，压裂设计、施工技术、实时监测、压后复杂裂缝评估技术是复杂缝网压裂技术研究的重点内容。许多学者利用各种裂缝监测技术发现，井筒周围极易形成复杂缝网。针对体积压裂复杂裂缝评估技术，目前主要方法为井间微地震技术，但该方法缺少对裂缝渗透率、裂缝窜流能力、裂缝导流能力、有效裂缝半长及有效改造体积等参数的定量评价。现代试井分析方法可以通过对井的不稳定压力响应特征的分析，有效反演储层和井筒的相关信息，如井筒储集系数、表皮系数、基质渗透率，以及上面提到的裂缝渗透率、裂缝窜流能力、裂缝导流能力、有效裂缝半长等，它可以定量评价井筒和储层的压裂改造效果。

但目前的现代试井分析方法缺少对裂缝几何形态的宏观定性评价，同时仍缺乏考虑页岩油气藏非常规储层与渗流特征的压裂井渗流模型及有效求解方法。为更好地对这些复杂裂缝井进行压裂评价和动态监测，有必要建立一套页岩油藏多段压裂水平井的不稳定压力响应模型及动态反演技术。本节将针对吉木萨尔页岩油藏多段压裂水平井动态反演问题，基于渗流力学、现代解释理论、数值试井解释方法，考虑页岩油藏复杂渗流特征、压裂裂缝形态，建立页岩油藏多段压裂水平井试井分析方法。

一、吉木萨尔页岩油藏多段压裂水平井试井分析模型建立及求解

1. 物理模型建立

将页岩油藏水平井压裂后裂缝形态等效成两种情况：一种是形成复杂缝网，另一种是形成单一主裂缝，如图4-4所示。根据不同裂缝形态建立页岩油藏多段压裂水平井模型。

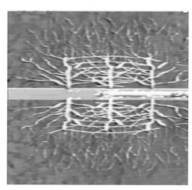
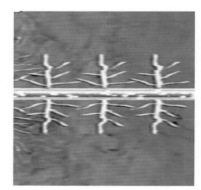

a.复杂缝网示意图   b.主裂缝示意图

图4-4 物理模型示意图

1）复杂缝网模型

水平井经过压裂施工后，近井地带产生裂缝，裂缝相互沟通，形成复杂缝网，因此模型不仅考虑主裂缝，而且考虑地层压裂后形成复杂缝网和高渗区，即模型包括压裂主裂

缝、近井复杂缝网改造区、远井次裂缝受效区、原始储层。受效区中流体线性流入改造区，改造区基质岩块中的流体窜流进入次裂缝网，通过次裂缝网线性流向主裂缝，并通过主裂缝流入井筒，如图4-5所示。

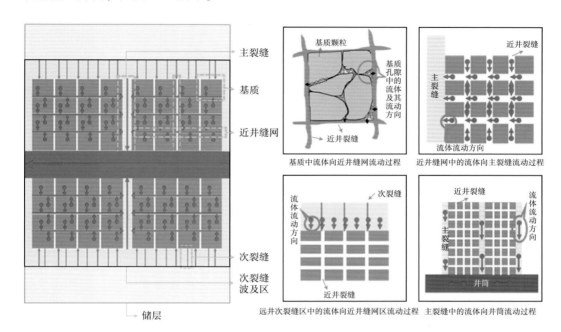

图4-5　复杂缝网流体流动示意图

2）主裂缝模型

水平井经过多段压裂施工后，在近井区域未形成复杂裂缝网络，或者生产一段时间后，复杂缝网已闭合，因此模型仅考虑主裂缝和地层压裂后形成高渗区，反映在模型上高渗区包括压裂主裂缝、近井改造区、远井受效区。低渗区即为未改造储层。受效区中流体线性流入改造区，改造区中的流体线性流向主裂缝，并通过主裂缝流入井筒，如图4-6所示。

3）模型假设条件

物理模型的基本假设条件如下：

（1）内区地层流体以一维方式、垂直流向裂缝；

（2）裂缝在整个地层高度上相同，裂缝之间等距，且垂直于水平井；

（3）裂缝内流动为一维流动形式；

（4）裂缝内流体可以是不可压缩无限导流；

（5）考虑到原始储层渗透率极低，忽略原始储层向次裂缝区的流体流动。

2. 页岩油藏多段压裂水平井试井数学模型建立与求解

引入以下三个参数用以描述压裂改造区性质：

缝网体积比 $\omega = \dfrac{(\phi C_t)_f}{(\phi C_t)_f + (\phi C_t)_m}$ 等效于人工裂缝密度。

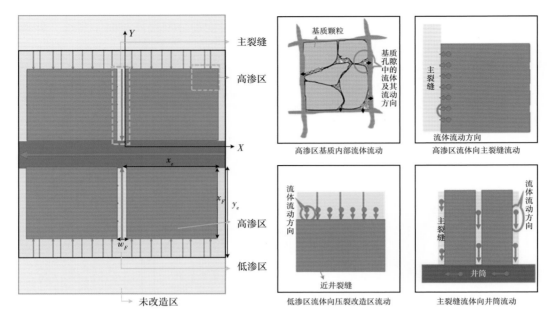

图 4-6 主裂缝模型流体流动示意图

基质窜流能力系数 $\lambda = ar_w^2 \dfrac{K_m}{K_f}$ 表征探测压力传播快慢。

形状因子：$\alpha = \dfrac{4n(n+2)}{l^2}$ 表示裂缝网络在储层基质中分布状况。

式中：ϕ 为孔隙度；C_t 为综合压缩系数，1/MPa；r_w 为井筒半径，m；K 为渗透率，D；n 为裂缝网络几何因子；l 为裂缝网络几何长度，m；下标 m、f 分别表示基质系统与裂缝系统。

针对页岩油藏多段压裂水平井模型，建立其数学模型。首先根据对称性，针对主裂缝及地层流动方式建立相应的数学模型。

1）远井次裂缝受效区渗流数学模型

控制方程为：

$$\frac{1}{r}\frac{\partial}{\partial r}\left(r\frac{\partial p}{\partial r}\right)=\frac{\phi\mu C_t}{3.6K}\frac{\partial p}{\partial t},\quad \Omega\in\Omega_3 \tag{4-1}$$

外边界的控制条件为：

$$\frac{\partial p_{r_3}}{\partial r}=0 \tag{4-2}$$

初始条件为：

$$p\big|_{(t=0)}=p_i \tag{4-3}$$

2）近井缝网改造区渗流数学模型

流体的控制方程为：

$$\frac{1}{r}\frac{\partial p}{\partial r}\left(r\frac{\partial p}{\partial r}\right)+q_m=\omega\frac{\phi\mu C_t}{3.6K}\frac{\partial p}{\partial t},\quad \Omega\in\Omega_{1,2} \tag{4-4}$$

近井缝网区基质流动项未考虑缝网时 ω 取 1。

内外边界的控制条件为：

$$\frac{rhK}{1.842\times10^{-3}\mu B}\frac{\partial p}{\partial r}\bigg|_{r\to0}=q_{sc}, \ \ \Omega\varepsilon\Omega_{1,2} \tag{4-5}$$

连接面条件为：

$$\frac{K}{\mu}\frac{\partial p_{\Gamma_{1,2}}}{\partial r}=\frac{K}{\mu}\frac{\partial p_{\Gamma_{1,2}}}{\partial r}, \ \ p_{\Gamma_{1,2}}=p_{\Gamma_{1,2}}, \ \ \Gamma\varepsilon\Gamma_{1,2} \tag{4-6}$$

3) 次裂缝区向缝网区的流体线性流动

流体的控制方程为：

$$3.6\frac{K_F}{\mu}\frac{\partial p_F^2}{\partial y^2}+\frac{Bq_F}{24W_Fh_F}=\frac{\mu\phi C_t}{K_F}\frac{\partial p_F}{\partial t} \tag{4-7}$$

边界的控制条件为：

$$3.6\frac{K_Fh_FW_F}{\mu}\frac{\partial p_F}{\partial y}\bigg|_{y\to y_o}=\frac{Bq_w}{24} \tag{4-8}$$

初始条件为：

$$p\big|_{(t=0)}=p_i \tag{4-9}$$

利用三线性流模型对页岩油藏多段压裂水平井试井分析模型进行求解，为便于方程求解，先利用无量纲变量简化模型：

（1）无量纲压力。

$$p_D=\frac{K_2h}{1.842\times10^{-3}\mu q_{sc}B}(p_i-p), \ \ p_{2D}=\frac{K_2h}{1.842\times10^{-3}\mu q_{sc}B}(p_i-p_2) \tag{4-10}$$

$$p_{mD}=\frac{K_mh}{1.842\times10^{-3}\mu q_{sc}B}(p_i-p_m), \ \ p_{f1D}=\frac{K_{f1}h}{1.842\times10^{-3}\mu q_{sc}B}(p_i-p_{f1}) \tag{4-11}$$

（2）次裂缝网体积比和基质窜流系数。

$$\omega=\frac{(\phi C_t)_f}{(\phi C_t)_f+(\phi C_t)_m}, \ \ \lambda=ax_F^2\frac{K_m}{K_f} \tag{4-12}$$

（3）无量纲时间。

$$t_D=\frac{3.6K_2t}{\mu[(\phi C_t)_f+(\phi C_t)_m]x_F^2} \tag{4-13}$$

（4）无量纲流量。

$$q_D=\frac{q}{q_{sc}} \tag{4-14}$$

（5）无量纲距离。

$$x_D=\frac{x}{x_F}, \ \ x_{wD}=\frac{x_w}{x_F}, \ \ r_{mD}=\frac{r_m}{R_m}, \ \ y_D=\frac{y}{x_F}, \ \ w_{FD}=\frac{w_F}{x_F} \tag{4-15}$$

（6）无量纲裂缝导流能力。

$$C_{FD} = \frac{K_F w_F}{K_2 x_F} \tag{4-16}$$

（7）扩散比。

$$\eta_{12} = \frac{\left(\dfrac{K}{\mu\phi C_t}\right)_1}{\left(\dfrac{K}{\mu\phi C_t}\right)_2}, \quad \eta_{F2} = \frac{\left(\dfrac{K}{\mu\phi C_t}\right)_F}{\left(\dfrac{K}{\mu\phi C_t}\right)_2} \tag{4-17}$$

模型简化后可得以下方程。

（1）压裂受效区方程：

$$\begin{cases} \dfrac{\partial^2 p_{2D}}{\partial y_D^2} = \dfrac{\partial p_{2D}}{\partial t_D} \\[2mm] p_{2D}\big|_{t_D=0} = 0 \\[2mm] \dfrac{\partial p_{2D}}{\partial y_D}\big| y_D = y_{eD} = 0, \quad p_{2D}\big|_{y_D=1} = p_{f1D}\big|_{y_D=1} \end{cases} \tag{4-18}$$

（2）压裂改造区基质方程：

$$\lambda(p_{fD} - p_{mD}) = (1-\omega)\frac{\partial p_{mD}}{\partial t_D} \tag{4-19}$$

（3）压裂改造区次裂缝网方程：

$$\begin{cases} \dfrac{\partial^2 p_{f1D}}{\partial x_D^2} \dfrac{1}{\eta_{12}}\left[\lambda(p_{fD} - p_{mD}) + \omega\dfrac{\partial p_{f1D}}{\partial t_D}\right] \\[2mm] p_{f1D}\big|_{t_D=0} = 0 \\[2mm] \dfrac{\partial p_{f1D}}{\partial x_D}\big|_{x_D=x_{eD}} = 0, \quad p_{f1D}\big|_{x_D=w_{FD/2}} = p_{FD}\big|_{x_D=w_{FD/2}} \end{cases} \tag{4-20}$$

（4）主裂缝方程：

$$\begin{cases} \dfrac{\partial^2 p_{FD}}{\partial y_D^2} + \dfrac{2}{C_{FD}}\dfrac{\partial p_{f1D}}{\partial x_D}\bigg|_{x_D=w_{FD/2}} = \dfrac{\omega}{\eta_{F2}}\dfrac{\partial p_{FD}}{\partial t_D} \\[2mm] p_{FD}\big|_{t_D=0} = 0 \\[2mm] \dfrac{\partial p_{FD}}{\partial y_D}\bigg|_{y_D=1} = 0, \quad \dfrac{\partial p_{FD}}{\partial y_D}\bigg|_{y_D=0} = -\dfrac{\pi}{\eta_{12}C_{FD}} \end{cases} \tag{4-21}$$

式中：p 为地层压力，MPa；t 为时间，h；μ 为原油黏度，mPa·s；h 为储层厚度，m；w 为裂缝宽度，m；ϕ 为孔隙度；C_t 为综合压缩系数，1/MPa；r_w 为井筒半径，m；K 为渗透率，D；r 为半径，m；x 为横轴，m；y 为纵轴，m；B 为流体体积系数，m³/m³；q_{sc} 为流体地面流量，m³/d。下标 m、f 分别表示基质系统与裂缝系统；下标 1、2 分别代表内区与外区；下标 F 代表人工裂缝；下标 D 代表无量纲。

利用 Laplace 变换方法对线性化后的试井数学模型进行求解，联立模型可得到井底压力解为：

$$\bar{p}_{wD} = \frac{\pi}{\eta_{12} C_{FD} s \sqrt{f_F(s)}} \frac{1}{\tanh\left[\sqrt{f_F(s)}\right]}\tag{4-22}$$

其中：
$$\begin{cases} f_F(s) = \dfrac{2}{C_{FD}}\sqrt{f_1(s)}\tanh\left[\sqrt{f_1(s)}\left(x_{eD}-w_{FD}/2\right)\right]+\dfrac{s}{\eta_{F2}} \\ f_1(s) = \dfrac{1}{\eta_{12}x_{eD}}\left\{s+\sqrt{s}\tanh\left[\sqrt{s}\left(y_{eD}-1\right)\right]\right\}+\dfrac{s}{\eta_{12}}\dfrac{\omega s(1-\omega)+\lambda}{s(1-\omega)+\lambda} \end{cases}\tag{4-23}$$

进一步，基于式（4-22）利用叠加原理，可得到考虑井筒储集效应和表皮效应的井底压力解：

$$\bar{p}_{wD}(s,\ S,\ C_D) = \frac{S+s\bar{p}_{wD}}{s+C_D s^2(sp_{wD}+S)}\tag{4-24}$$

利用 Stehfest 数值反演，可将 Laplace 空间的井底压力变换到实空间的井底压力：

$$p_{wD}(t,\ S,\ C_D) = L^{-1}\left[\bar{p}_{wD}(s,\ S,\ C_D)\right]\tag{4-25}$$

式中：p_{wD} 为无量纲井底压力；C_{FD} 为无量纲裂缝导流系数；s 为 Laplace 空间变量；S 为表皮系数；C_D 为无量纲井筒储集系数。

3. 页岩油藏多段压裂水平井试井特征曲线分析

对数学模型求解并建立页岩油藏多段压裂水平井试井模型理论压力及压导特征曲线如图 4-7 所示，基础参数见表 4-5。

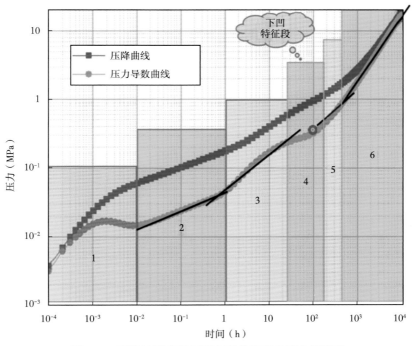

图 4-7　页岩油藏多段压裂水平井模型典型曲线形态

表 4-5　理论模型基础参数表

原始储层基础参数	初始压力（MPa）	34.47
	储层厚度（m）	9.144
	孔隙度	0.1
井筒参数	井筒存储系数（m³/MPa）	0.01
	水平井段长度（m）	1000
	井位（m）	4.572
近井复杂缝网改造区参数	裂缝数	10
	裂缝半长（m）	200
	裂缝导流能力（mD·m）	50
	改造区渗透率（mD）	33
	缝网体积比	0.01
	基质窜流能力系数	2.2×10^{-8}
远井次裂缝受效区参数	外区半径（m）	300
	受效区渗透率（mD）	33
	受效区/改造区扩散比	1

1）页岩油藏多段压裂水平井试井特征曲线流动阶段划分

如图 4-7 所示，三线性流试井典型特征曲线可以分为 6 个阶段，分别是：

第一阶段，曲线为井筒存储段，曲线特征为压力曲线和压力导数曲线重合并且直线斜率为 1，受到井筒存储系数 C 的影响。

第二阶段，曲线为裂缝双线性流阶段，曲线特征为出现双线性的 1/4 斜率线段。

第三阶段，曲线为裂缝线性流阶段，曲线特征为出现线性流 1/2 斜率段，此处 1/4 斜率段由于裂缝半长小、裂缝导流能力很大而受到井筒效应掩盖，该阶段受裂缝参数影响。

第四阶段，曲线为改造区基质到天然裂缝的窜流过渡阶段，曲线向下凹存在凹点，过渡时间和凹点位置分别受到特征参数基质窜流能力系数 λ 和缝网体积比 ω 影响。

第五阶段，曲线为未到边界之前受效区中的线性流阶段（受效区第二线性流阶段）呈现 1/2 斜率线段，受储层渗透率影响。

第六阶段，曲线为探测到边界之后的拟稳态流段（边界控制阶段）呈现斜率为 1 的直线段，受到油藏受效区半径 X_e、裂缝间距 Y_e 影响。

将试井模型形态与实际测试井的试井曲线形态对比，如图 4-8 所示。

经过对比发现，实际测试井的试井曲线形态与理论试井模型形态类似：大多数井的压力导数表现出井筒存储效应、裂缝线性流、基质向裂缝流动和受效区第二线性流等特征，即理论曲线的一、三、四、五阶段。

2）页岩油藏多段压裂水平井试井模型试井曲线影响因素分析

基于理论模型进行不同参数敏感性分析，得到不同裂缝参数对特征曲线影响。

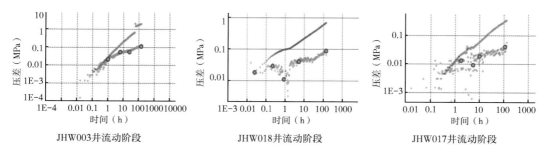

JHW003井流动阶段　　　JHW018井流动阶段　　　JHW017井流动阶段

图 4-8　试井模型形态与实际测试井对比图

（1）裂缝长度对试井模型形态的影响。

如图 4-9 所示，裂缝长度主要影响裂缝双线性流阶段和裂缝线性流阶段。随着裂缝长度的增加，线性流阶段持续时间减小；随着裂缝长度的增加，双线性流动阶段的持续时间增加。裂缝长度的增加导致网状缝区域增加，双线性流动范围增加；对于外边界半径恒定的模型来说，裂缝长度增加，次裂缝波及区减小，供给能力减小。

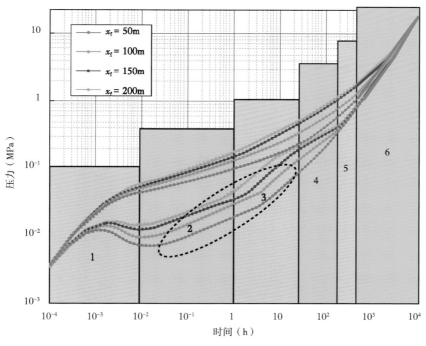

图 4-9　裂缝长度对试井特征曲线的影响

（2）裂缝导流能力对试井模型形态的影响。

如图 4-10 所示，导流能力主要影响裂缝双线性流阶段和裂缝线性流阶段。随着导流能力的增加，双线性流动阶段持续时间越短；随着导流能力的增加，线性流动阶段持续时间越短。

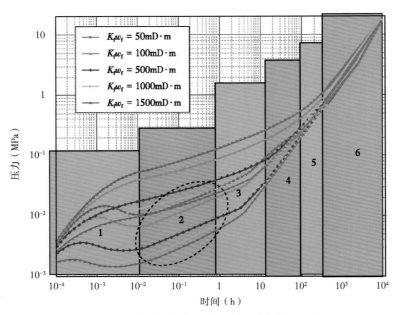

图 4-10　裂缝导流能力对试井特征曲线的影响

　　裂缝导流能力反映了裂缝输送流体能力的强弱，裂缝导流能力越强，裂缝双线性、线性流阶段结束越早。

　　（3）缝网体积比对试井模型形态的影响。

　　如图 4-11 所示，缝网体积比 ω 影响试井模型形态早期和基质向裂缝网络流动阶段。随着 ω 的减小，下凹深度增加；ω 减小，表明基质向裂缝网络流动越明显，反映了基质向

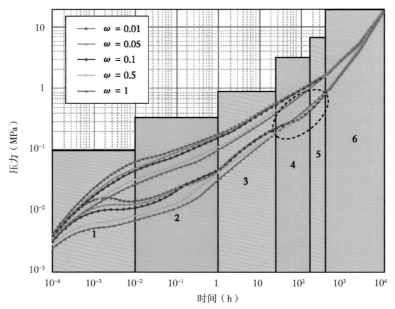

图 4-11　缝网体积比对试井特征曲线影响

缝网的供油能力。

（4）基质窜流能力系数对试井模型形态的影响。

如图4-12所示，基质窜流能力系数主要影响基质向裂缝网络流动阶段出现的时间。随着窜流系数 λ 的减小，下凹出现的时间越晚。随着窜流系数减小，基质向裂缝网络流动阶段越晚出现，反映了基质向缝网的供油速度。

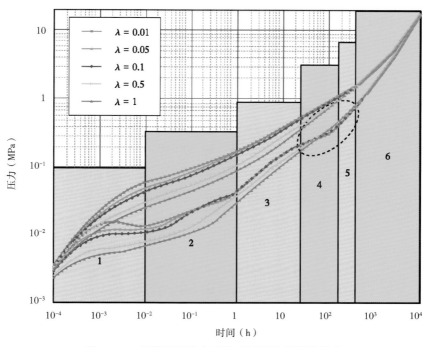

图4-12　基质窜流能力系数对试井特征曲线影响

二、页岩油藏多段压裂水平井试井压力测试资料解释分析

1. 生产动态拟合状况

利用所建立的页岩油藏多段压裂水平井试井分析方法，对吉木萨尔页岩油藏25口井次进行解释分析。下面以JHW018井为例介绍2016—2018年生产阶段的测试拟合过程。

1）JHW018井2016年生产阶段压力恢复测试

JHW018井采用分段压裂方式，共压裂23段，压裂液24346.8m³，总加砂1700.1m³。JHW018井于2016年11月进行了压力恢复测试。截至2016年10月，累计生产668.9天，累计产油0.6828×10⁴t。

利用页岩油藏多段压裂水平井试井分析模型进行拟合后，分别获得其拟合后的双对数曲线、半对数曲线及压力产量历史曲线，如图4-13所示，拟合效果较好，拟合参数表见表4-6。

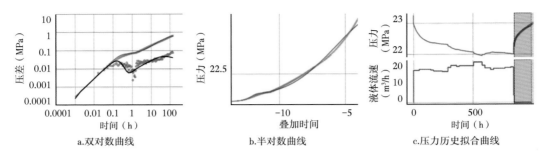

a.双对数曲线　　　　　　　b.半对数曲线　　　　　　　c.压力历史拟合曲线

图 4-13　JHW018 井 2016 年测试拟合结果

表 4-6　参数拟合表

参数	数值
裂缝半长（m）	38
裂缝导流能力（mD·m）	280
缝网体积占比系数（%）	—
基质与裂缝窜流能力系数	—
基质与裂缝窜流距离（m）	7
缝网改造区渗透率（mD）	0.9
单井控制半径（m）	45
平均地层压力（MPa）	23.26

2）JHW018 井 2017 年生产阶段压力恢复测试

JHW018 井采用分段压裂方式，共压裂 23 段，压裂液 24346.8m³，总加砂 1700.1m³。JHW018 井于 2017 年 7 月进行了压力恢复测试。截至 2017 年 6 月，累计生产 891.8 天，累计产油 0.9133×10⁴t。利用页岩油藏多段压裂水平井试井分析模型进行拟合后，分别获得其拟合后的双对数曲线、半对数曲线及压力产量历史曲线，拟合效果较好，拟合参数表见表 4-7。

表 4-7　参数拟合表

参数	数值
裂缝半长（m）	14.10
裂缝导流能力（mD·m）	275
缝网体积占比系数（%）	—
基质与裂缝窜流能力系数	—
基质与裂缝窜流距离（m）	5.9
缝网改造区渗透率（mD）	0.65
单井控制半径（m）	20
平均地层压力（MPa）	23.44

3）JHW018 井 2018 年 5 月生产阶段压力恢复测试

JHW018 井采用分段压裂方式，共压裂 23 段，压裂液 24346.8m³，总加砂 1700.1m³。JHW018 井于 2018 年 5 月进行了压力恢复测试。截至 2018 年 4 月，累计生产 1186.3 天，累计产油 1.1974×10⁴t。

利用页岩油藏多段压裂水平井试井分析模型进行拟合后，分别获得其拟合后的双对数曲线、半对数曲线及压力产量历史曲线，拟合效果较好，拟合参数表见表 4-8。

表 4-8　参数拟合表

参数	数值
裂缝半长（m）	13
裂缝导流能力（mD·m）	250
缝网体积占比系数（%）	—
基质与裂缝窜流能力系数	—
基质与裂缝窜流距离（m）	6
缝网改造区渗透率（mD）	0.57
单井控制半径（m）	19
平均地层压力（MPa）	15.08

4）JHW018 井 2018 年 8 月生产阶段压力恢复测试

JHW018 井采用分段压裂方式，共压裂 23 段，压裂液 24346.8m³，总加砂 1700.1m³。JHW018 井于 2018 年 8 月进行了压力恢复测试。截至 2018 年 8 月，累计生产 1262 天，累计产油 3.7047×10⁴t。

利用页岩油藏多段压裂水平井试井分析模型进行拟合后，分别获得其拟合后的双对数曲线、半对数曲线及压力产量历史曲线，拟合效果较好，拟合参数表见表 4-9。

表 4-9　参数拟合表

参数	数值
裂缝半长（m）	13
裂缝导流能力（mD·m）	250
缝网体积占比系数（%）	—
基质与裂缝窜流能力系数	—
基质与裂缝窜流距离（m）	5.5
缝网改造区渗透率（mD）	0.57
单井控制半径（m）	18
平均地层压力（MPa）	14.07

吉木萨尔页岩油藏 25 井次多段压裂水平井试井测试资料和动态拟合解释结果表明，早期压裂井以主裂缝为主，后期新压裂井形成了缝网区。缝网井裂缝半长为 80～97m，改造区渗透率为 2.33～3.82mD，缝网体积占比为 10% 左右，单井控制范围为 83～103m。针

对存在单一裂缝模型，解释结果表明：裂缝半长为 2.36~38m，改造区渗透率为 0.47~1.92mD，单井控制范围为 4~45m。

2. 单段缝网参数与整体平均缝网参数关系分析

通过对 JHW036 井 20 段次的不同压裂段试井资料分析，获得了单段缝网参数与整体平均缝网参数的关系。

解释结果表明：各段压裂的裂缝半长分布不均匀，在 83~120m 之间，各段的平均值略大于焖井段测试分析结果；各段压裂的裂缝导流能力分布不均匀，在 500~800mD·m 之间，各段的平均值大于焖井段测试分析结果；各段的缝网体积占比分布不均匀，在 0.08~0.13 之间，各段系数算术平均略大于焖井段测试资料分析结果；各段的窜流系数分布不均匀，但变化不大，在 $1.0×10^{-8}$~$1.9×10^{-8}$ 之间；各段的窜流距离分布不均匀，在 5~11m 之间，各段的平均值大于焖井段测试资料分析结果。

三、页岩油藏水平井多段水平井压裂改造效果评价

1. 吉木萨尔页岩油藏压裂规模与缝网特征参数规律统计

对于采用体积压裂的 JHW023、JHW025、JHW033、JHW034、JHW035、JHW036、JHW037、JHW038、J10002H 这 9 口井，通过解释分析认为压裂后形成复杂缝网，通过对焖井段试井资料解释结果分析，获得了多段压裂水平井压裂规模（压裂液量+加砂量）与缝网特征参数的关系。

如图 4-14 所示，随着每段压裂规模的增加，裂缝半长、缝网区渗透率等缝网特征参数增加。当每段压裂规模达到一定程度时，裂缝半长、缝网区渗透率等缝网特征参数增加趋势趋于平缓。

每段压裂规模的增加对裂缝导流能力、基质窜流距离影响不大。裂缝导流能力变化范围为 350~450mD·m，基质窜流距离变化范围为 4~7m。

随着每段压裂规模的增加，基质窜流系数、缝网体积比等缝网特征参数参数增加。当每段压裂规模达到一定程度时，基质窜流系数和缝网体积比等缝网特征参数增加趋势趋于平缓。

2. 吉木萨尔页岩油藏裂缝特征参数随时间变化特征分析

针对压裂后形成复杂缝网和主裂缝模型，分析不同生产时期缝网参数/裂缝参数随时间的变化关系。

1）基于焖井段与压力恢复段试井资料分析结果获得缝网参数变化特征

以 JHW023 井焖井段与压力恢复段测试资料（图4-15）为例，针对考虑地层压裂后形成复杂缝网改造区和次裂缝受效区的模型，分析不同生产时期缝网参数随时间的变化关系。

2）基于不同生产时期压恢段试井资料分析结果获得裂缝参数变化特征

以 JHW018 井不同生产时期压力恢复段测试资料（图4-16）为例，针对仅考虑主裂缝和地层压裂后形成改造区模型，分析不同生产时期裂缝参数随时间变化关系。

3）缝网参数/裂缝参数随时间变化特征

如表 4-10 所示，JHW023 井试井解释分析结果表明，焖井段裂缝参数较生产阶段裂

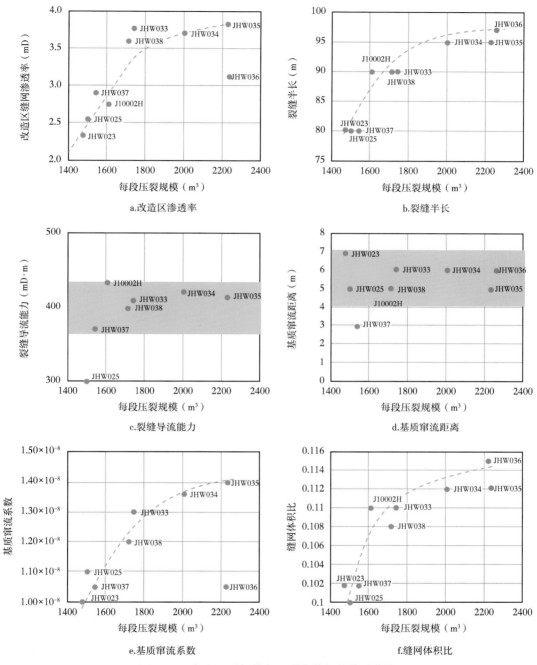

图 4-14　每段压裂规模与压裂参数间的关系曲线

缝参数大。其中，裂缝导流能力下降最为明显，可能是由于生产过程中压力下降，压裂裂缝闭合所造成的。JHW018 井试井解释分析结果表明，随着时间的推移，裂缝半长和裂缝导流能力都呈下降特征。开始时下降幅度大，后面下降幅度趋于平缓。随着时间的推移，

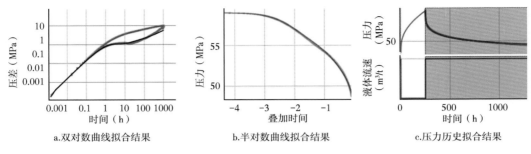

图 4-15 JHW023 井 2017 年焖井时段压降测试拟合结果

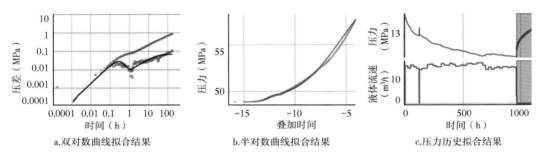

图 4-16 JHW018 井 2018 年 8 月测试分析拟合图

高渗区和低渗区的渗透率均有所下降，但变化幅度不大。单井控制半径主要由裂缝半长所决定。

表 4-10 不同类型井不同时期试井资料分析结果

参数	JHW023 井		JHW018 井			
	焖井段	1 年后压力恢复段	2016 年 11 月	2017 年 7 月	2018 年 5 月	2018 年 8 月
裂缝半长（m）	80.11	75.00	38.00	14.10	13.00	13.00
裂缝导流能力（mD·m）	2368.58	150.00	280.00	275.00	250.00	250.00
改造区渗透率（mD）	2.33	2.20	0.90	0.65	0.57	0.57
单井控制半径（m）	87.00	80.00	45.00	20.00	19.00	18.50

第三节 多段压裂水平井压裂参数优化研究

利用建立试井解释模型进行模拟研究，得到吉木萨尔页岩油藏多段压裂水平井合理井距优化方法，裂缝簇间距优化方法，合理焖井时间优化方法。

一、多段压裂水平井井距优化方法研究

1. 页岩油藏多段压裂水平井井间干扰评价方法研究

选取吉木萨尔页岩油藏 JHW023 井、JHW025 井进行井间干扰情况实例分析，完成单

井数值模型，建立与生产动态拟合，以及多井数值模型建立与生产动态验证。通过对比单井与多井的累计产油量的差别，分析是否存在井间干扰及干扰程度的大小。

1）JHW023 井的单井数值模型建立与生产动态拟合

JHW023 井自 2017 年 8 月 6 日焖井测试结束后开始生产，至 2018 年 9 月 6 日进行压力恢复测试，期间总共生产了 398 天，累计产油 16241.9m³。首先建立数值模型，对 2018 年压力恢复测试资料进行拟合解释，如图 4-17 所示，获得相关参数，作为生产动态拟合相互约束条件。进一步应用数值模型进行生产动态拟合，其参数见表 4-11，获得理论累计产油量为 16035.1m³，与实际产油量相对误差为 1.27%。

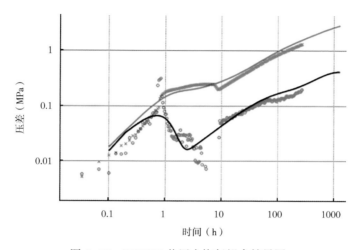

图 4-17 JHW023 井压力恢复拟合结果图

表 4-11 JHW023 井数值模型参数表

改造区参数		受效区参数	
裂缝半长（m）	70	受效区半径（m）	100
裂缝导流能力（mD·m）	178.2	受效区渗透率（mD）	1.00
改造区渗透率（mD）	2.34	受效区导压系数（cm²/s）	0.0129
改造区导压系数（cm²/s）	0.0399	原始储层	
缝网体积比	0.1	渗透率（mD）	0.01
基质窜流系数	1.20×10^{-5}	储层导压系数（cm²/s）	0.0006

2）JHW025 井的单井数值模型建立与生产动态拟合

JHW025 井自 2017 年 8 月 10 日焖井测试结束后开始生产，至 2018 年 8 月 26 日进行压力恢复测试，期间总共生产了 382 天，累计产油量 12152.4m³。首先建立数值模型，对 2018 年压力恢复测试资料进行拟合解释，获得相关参数，作为生产动态拟合相互约束条件。进一步应用数值模型进行生产动态拟合，其参数见表 4-12，获得理论累计产油量为 12137.3m³，与实际产油量相对误差为 0.12%。

表4-12　JHW025井数值模型参数表

改造区参数		受效区参数	
裂缝半长（m）	70	受效区半径（m）	100
裂缝导流能力（mD·m）	200	受效区渗透率（mD）	1.00
改造区渗透率（mD）	2.34	受效区导压系数（cm²/s）	0.0151
改造区导压系数（cm²/s）	0.0399	原始储层	
缝网体积比	0.1	渗透率（mD）	0.01
基质窜流系数	$1.00×10^{-5}$	储层导压系数（cm²/s）	0.0006

3）JHW023井和JHW025井为基础的多井数值模型建立与生产动态验证

以JHW023井、JHW025井为基础建立井距为300m的多井数值模型，如图4-18所示。应用多井数值模型进行生产动态拟合，计算得JHW023井和JHW025井的累计产油量，并与单井数值模型计算结果进行对比（表4-13），发现两模型计算结果接近，同时与实际累计产油量对比，相对误差在5%以内。观察压力分布图（图4-19），进一步表明井距为300m时两井没有产生干扰。

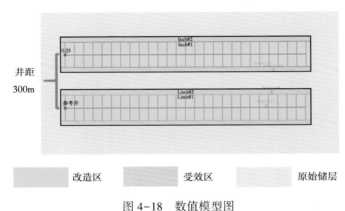

图4-18　数值模型图

表4-13　多井模型和单井模型计算结果比较

井名	多井模型计算结果（m³）	单井模型计算结果（m³）	实际累计产油量（m³）
JHW023	16036.2	16035.1	16241.9
JHW025	12132.8	12137.3	12152.4

2. 页岩油藏多段压裂水平井数值模型建立与井距优化

以上研究结果表明，JHW023井和JHW025井在井距为300m时不存在井间干扰，JHW035井和JHW036井在井距为200m时存在井间干扰。井间干扰对累计产油量会造成一定程度的影响，因此需要优选合理井距。

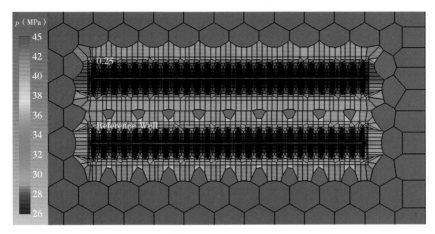

图 4-19 压力分布图

1）模型建立与有效动用范围评价

基于吉木萨尔页岩油藏 2017—2018 年压裂水平井的试井分析结果的平均参数（表 4-14），建立多井数值模型。

表 4-14 理论模型参数表

改造区参数		受效区参数	
裂缝半长（m）	95	受效区半径（m）	110
裂缝导流能力（mD·m）	350	受效区渗透率（mD）	1.06
改造区渗透率（mD）	1.98	受效区导压系数（cm²/s）	0.0137
改造区导压系数（cm²/s）	0.0561	原始储层	
缝网体积比	0.114	渗透率（mD）	0.01
基质窜流系数	$1.23×10^{-5}$	储层导压系数（cm²/s）	0.0006
基础参数			
水平井长（m）	1406	油藏中深（m）	2698
井筒储集系数（m³/MPa）	200	地层体积系数（m³/m³）	1.06
井半径（m）	0.0699	地层流体黏度（mPa·s）	10.58
有效厚度（m）	6	综合压缩系数（MPa⁻¹）	0.001043

设计井距分别为 200m、220m、240m、260m、280m、300m、320m、340m、360m 这 9 种方案，得到不同井距下 JHW023 井、JHW025 井压力分布特征，并分析其变化特征。通过多井数值模型不同井距下压力分布得出，在生产 1 年后，压力波传播范围在 260～280m 之间，即有效动用范围在 260～280m 之间。

2）合理井距优化

设计不同井距分别为 200m、220m、240m、260m、280m、300m、320m、340m、360m，使用建立的数值模型计算其累计产油量，进行数据处理，绘制曲线，如图 4-20 所示。

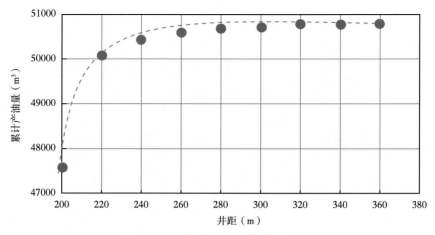

图 4-20　不同井距下两井累计产油量

　　根据不同井距下单井生产 1 年的累计产油量可以看出，当井距大于 260m 后，累计产油量增量趋于平缓。井距为 260m 时两井年累计产油量 50598.2m³，井距为 200m 时两井年累计产油量为 47573.4m³，增加了 6.46%。综合累计产油量变化和压力分布，可以确定目前压裂规模的多段压裂水平井合理井距范围在 260～280m 之间。由两井井距为 260m 的理论模型可以进行产量预测，如图 4-21 所示，得到生产 5 年累计产油量为 52526m³。

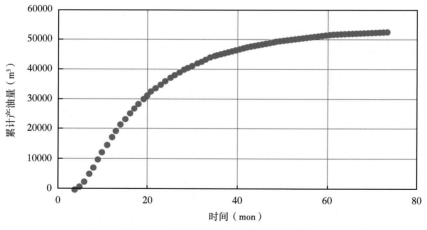

图 4-21　单井生产 5 年累计产油量

二、多段压裂水平井井段间距优化方法研究

1. 段间控制范围评价

　　基于吉木萨尔页岩油藏 2017—2018 年压裂水平井的试井分析结果的平均参数（表 4-15），建立单井解析模型。设计不同裂缝条数方案，计算累计产量，观察累计产油量和簇间距的变化趋势。

表 4-15 理论模型参数表

改造区参数	
裂缝半长（m）	95
裂缝导流能力（mD·m）	350
改造区渗透率（mD）	1.98
改造区导压系数（cm²/s）	0.0359
缝网体积比	0.114
基质窜流系数	$1.23×10^{-5}$
受效区参数	
受效区半径（m）	110
受效区渗透率（mD）	1.06
受效区导压系数（cm²/s）	0.0137
原始储层	
渗透率（mD）	0.01
储层导压系数（cm²/s）	0.0006
基础参数	
水平井长（m）	1406
井筒储集系数（m³/MPa）	200
井半径（m）	0.0699
有效厚度（m）	6
油藏中深（m）	2698
地层体积系数（m³/m³）	1.06
地层流体黏度（mPa·s）	10.58
综合压缩系数（MPa⁻¹）	0.001043

以相同参数建立单井数值模型，观察裂缝簇间压力波传播范围，观察变化趋势，如图 4-22所示，在簇间距介于 20~70m 时，随着簇间距的减小，压力波的传播范围逐渐增大。

2. 页岩油藏多段压裂水平井合理段间距优化

利用建立的解析模型，设计不同裂缝条数方案，见表 4-16。计算累计产量，观察累计产油量和簇间距的变化趋势，如图 4-23 所示。

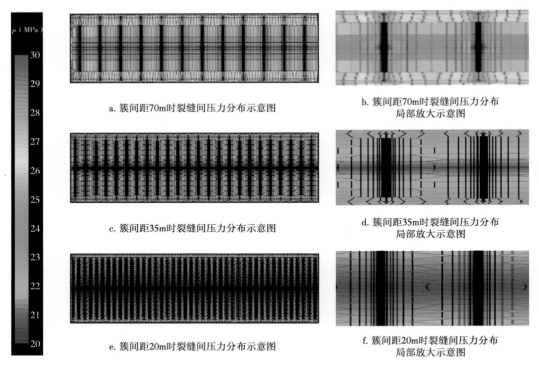

图 4-22　不同簇间距压力波传播范围示意图

表 4-16　不同裂缝条数方案表

裂缝（条）	簇间距（m）	产量（m³）	增长百分比（%）
10	140.60	17126.40	0.00
15	93.73	20564.90	20.08
20	70.30	22259.60	29.97
29	48.48	23667.00	38.19
30	46.87	23766.10	38.77
35	40.17	24136.50	40.93
40	35.15	24400.10	42.47
50	28.12	24743.50	44.48
60	23.43	24956.30	45.72
70	20.09	25100.80	46.56
80	17.58	25205.20	47.17
90	15.62	25284.10	47.63
100	14.06	25345.80	47.99
110	12.78	25395.40	48.28
120	11.72	25436.10	48.52
130	10.82	25470.20	48.72
140	10.04	25499.00	48.89

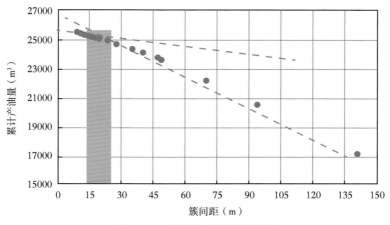

图 4-23 累计产油量变化曲线

通过分析得到，当簇间距小于 18m 后，累计产油量的增长趋势趋于平缓，可以确定目前压裂规模多段压裂水平井合理簇间距范围在 15~20m 之间。

三、多段压裂水平井焖井时间优化方法研究

1. 页岩油藏多段压裂水平井合理焖井时间确定方法

随着焖井时间增加，水平井压裂过程中注入压力不断向外扩散传播。由于页岩油藏原始储层渗透率极低，压裂措施未波及区域基本表现为不渗透特性，当压力传播到该区域时，井底流压的导数出现下掉的趋势（图 4-24）。井底流压变化率也趋于 0（图 4-25），此时井底流压达到最小，生产压差达到最大。因此合理焖井时间可以定义为压力传播到单井最大控制范围所需要的时间。

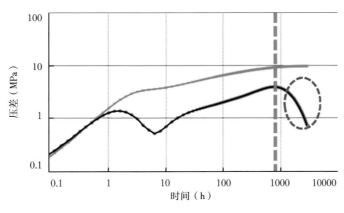

图 4-24 试井曲线图

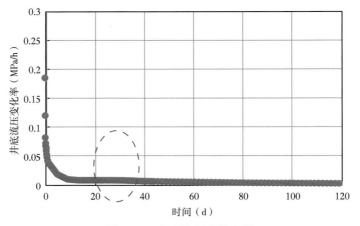

图 4-25 井底流压变化率图

2. 页岩油藏多段压裂水平井合理焖井时间图版确定

1）单井解析模型建立及合理焖井时间确定

以吉木萨尔页岩油藏 2017—2018 年压裂水平井的试井分析结果的平均参数（表 4-17）为基础，建立单井解析模型。设计不同改造区渗透率方案，计算试井压力及其导数曲线（图 4-26），确定合理焖井时间。

表 4-17 单井解析模型参数表

改造区参数		受效区参数	
裂缝半长（m）	95	受效区半径（m）	110
裂缝导流能力（mD·m）	350	受效区渗透率（mD）	1.06
改造区渗透率（mD）	1.98	受效区导压系数（cm^2/s）	0.0137
改造区导压系数（cm^2/s）	0.0561	原始储层	
缝网体积比	0.114	渗透率（mD）	0.01
基质窜流系数	1.23×10^{-5}	储层导压系数（cm^2/s）	0.0006
基础参数			
水平井长（m）	1406	油藏中深（m）	2698
井筒储集系数（m^3/MPa）	200	地层体积系数（m^3/m^3）	1.06
井半径（m）	0.0699	地层流体黏度（mPa·s）	10.58
有效厚度（m）	6	综合压缩系数（MPa^{-1}）	0.001043

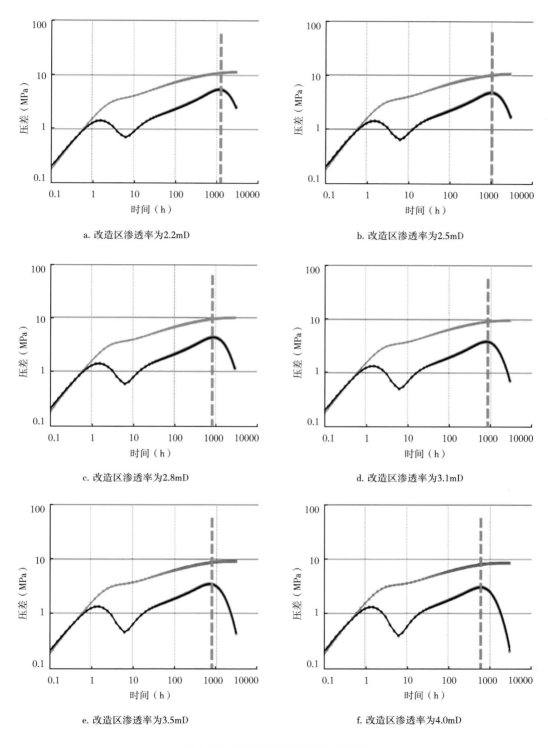

图 4-26 不同渗透率的试井曲线图

119

统计不同改造区缝网渗透率确定的合理焖井时间绘制合理焖井时间随改造区渗透率变化关系曲线，如图 4-27 所示。

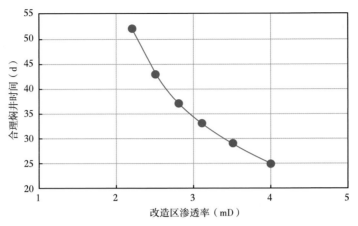

图 4-27　合理焖井时间随改造区渗透率变化图版

随着改造区渗透率增大，合理焖井时间是减小的，表现为双曲函数关系。由吉木萨尔页岩油藏水平井多段压裂后改造区渗透率分布范围为 2.3~4.0mD 可得，吉木萨尔页岩油藏多段压裂水平井的合理焖井时间为 25~50 天。

2）目前吉木萨尔页岩油藏多段压裂水平井焖井时间合理性评价

根据所建立的理论图版对目前吉木萨尔页岩油藏多段压裂水平井焖井时间进行合理性评价，如图 4-28 所示，JHW023 井、JHW036 井、JHW038 井的焖井时间比较合理，JHW025 井、JHW033 井、J10002H 井的焖井时间偏短，JHW034 井、JHW035 井、JHW037 井的焖井时间偏长。

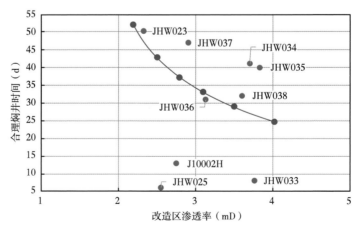

图 4-28　合理焖井时间随改造区渗透率变化图

第五章 吉木萨尔页岩油开发的
常规油藏工程方法

本章开展常规油藏工程研究，主要综合应用地质、生产动态、压裂等数据，分层位、分类型分析上、下"甜点"水平井的生产特征和产能影响因素，结合油藏数值模拟方法对吉木萨尔页岩油藏压裂水平井产能与地质、工程参数的相关性进行研究。

第一节 影响油井产量的主控因素

吉木萨尔页岩油藏自2012年采用水平井+体积压裂方式开发以来，区内已完钻投产水平井22口，从开发效果来看，水平井开采效果差异大，各种影响因素交织，主要影响因素量化关系不清晰，急需找出影响开采效果的主要因素，为后期开发提供指导。

一、不同类型油井开发特征

考虑到 $P_2l_1{}^2$ 层、$P_2l_2{}^{2-3}$ 层井数少，且产量差异小，规律性不强等原因，主要通过对 $P_2l_2{}^{2-2}$ 层的19口井生产动态重点分析，以确定水平井产能主要影响因素（图5-1）。

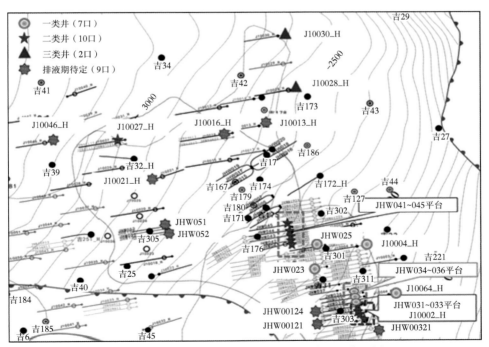

图5-1 2017年后 $P_2l_2{}^{2-2}$ 层已投产水平井地理位置图

油井按产能高低分为四类，划分依据：(1)3年累计可回收投资；(2)前3年液、油变化快，3年后趋势基本稳定，前3年作为一个整体规律性较强(表5-1、图5-2、图5-3)。

表 5-1　页岩油水平井开发效果分类表 (压裂液 $4.0×10^4m^3$)

分类	井数 (口)	占比 (%)	稳定含水 (%)	1年累计产油 (10^4t)	1年日产水平 (t)	3年累计产油 (10^4t)	最终累计产油 (10^4t)
一类井	40	43.50	≥40	≥1.0	≥25	≥2	≥4.0
二类井	16	17.40	40~50	0.7~1.0	20~25	1.5~2.0	3.0~4.0
三类井	20	21.70	50~70	0.4~0.7	10~20	1.5~1.0	2.0~3.0
四类井	16	17.40	≤70	≤0.4	≤10	≤1.0	≤2.0

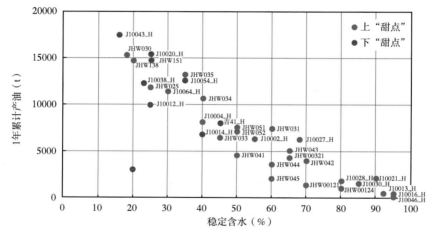

图 5-2　稳定含水与第1年累计产油关系图

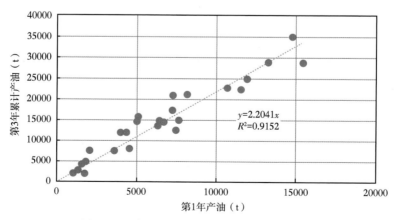

图 5-3　3年累计产油与第1年累计产油关图

1. 上"甜点"一类井

上"甜点"一类典型井 JHW035 井含水下降快，累计生产 130 天后，含水逐渐稳定，稳定含水在 40% 左右，1 年期核实累计产油 10091t，平均日产水平 28.6t（图 5-4）。

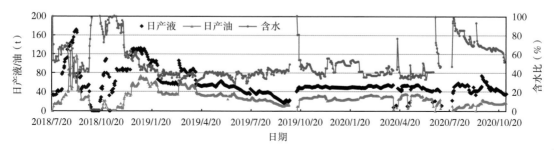

图 5-4　上"甜点"一类水平井 JHW035 井生产曲线

2. 上"甜点"二类井

上"甜点"二类典型井 J10004_H 井含水下降较慢，累计生产 160 天后，含水趋于稳定，稳定含水在 50% 左右，1 年期核实累计产油 7038t，平均日产水平 20.0t（图 5-5）。

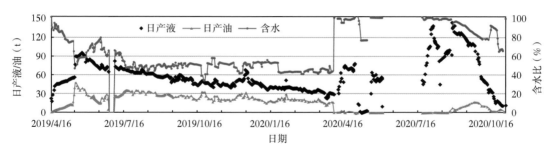

图 5-5　上"甜点"二类水平井 J10004_H 井生产曲线

3. 上"甜点"三类井

上"甜点"三类典型井 J10027_H 井含水下降较慢，累计生产 180 天后，含水逐渐稳定，稳定含水在 70% 左右，1 年期核实累计产油 5133t，平均日产水平 14.3t（图 5-6）。

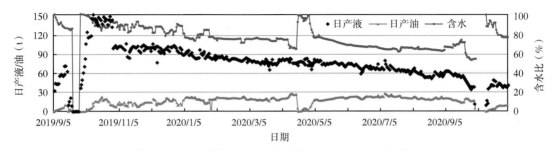

图 5-6　上"甜点"三类水平井 J10027_H 井生产曲线

4. 上"甜点"四类井

上"甜点"四类典型井 J10030_H 井含水下降较慢，累计生产 210 天后，含水逐渐稳定，稳定含水在 80%左右，1 年期核实累计产油 1462t，平均日产水平 4.1t（图 5-7）。

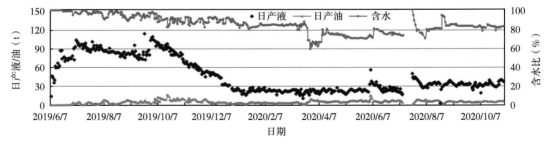

图 5-7　上"甜点"四类水平井 J10030_H 井生产曲线

5. 下"甜点"一类井

下"甜点"一类典型井 J10012_H 井含水下降较慢，累计生产 80 天后，含水逐渐稳定，稳定含水在 20%左右，1 年期核实累计产油 10018t，平均日产水平 27.8t（图 5-8）。

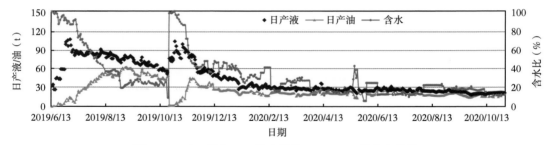

图 5-8　下"甜点"一类水平井 J10012_H 井生产曲线

6. 下"甜点"二类井

下"甜点"二类典型井 J10014_H 井含水下降较慢，累计生产 80 天后，含水逐渐稳定，稳定含水在 40%左右，1 年期核实累计产油 6068t，平均日产水平 17.2t（图 5-9）。

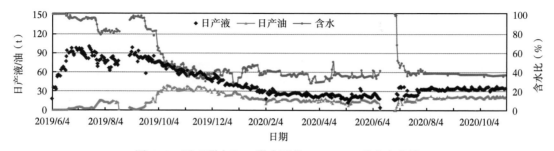

图 5-9　下"甜点"二类水平井 J10014_H 井生产曲线

二、影响油井产量主控因素分析

1. 油藏动态分析法

1）分析数据类型选择

分析的基础：上"甜点"3个井组18口井+2口单井、下"甜点"14口井；"甜点"品质：单层大于35ms可动流体丰度；水平井规模：改造段长；压裂强度：米加砂、米进液；分析标准采用第1年采油量或采油强度（采油强度=第1年产油/改造段长）。

2）影响产能因素分析

（1）可动油储量丰度是水平井产能主控因素之一。

通过归一化1年的平均日产油量与游离油丰度关系表明，游离油丰度越高，1年期日产油量越高（图5-10）。

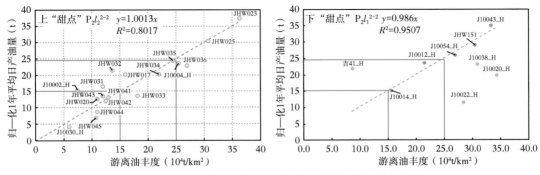

图5-10　吉木萨尔芦草沟组水平井产能与可动油关系图

（2）长度的影响超过丰度影响，丰度差异小。

选取JHW00921井组，分析游离油丰度与1年累计产油量、水平段长度与1年累计产油关系表明，在可动油丰度差异不大时，水平段长度为影响产能主要因素（图5-11）。

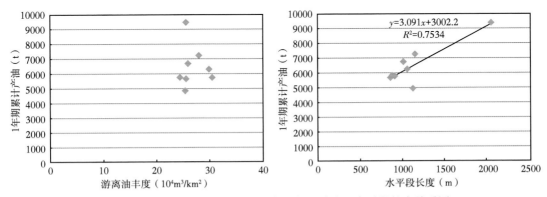

图5-11　JHW00921井组水平井产能与可动油、水平段长度关系图

上"甜点"水平段改造长度与第1年产量正相关（可动丰度$24.5×10^4 \sim 35×10^4 \text{m}^3/\text{km}^2$，平均$28.5×10^4 \text{m}^3/\text{km}^2$），加砂强度$1.9 \sim 2.1 \text{m}^3/\text{m}$（排除JHW031井组，原因加砂强度大）；

选择下"甜点"地质条件接近的井,可动丰度 $27.3 \times 10^4 \sim 37.5 \times 10^4 m^3/km^2$,加砂强度 $1.7 \sim 2.1 m^3/m$,改造长度与第 1 年产油正相关(图 5-12)。

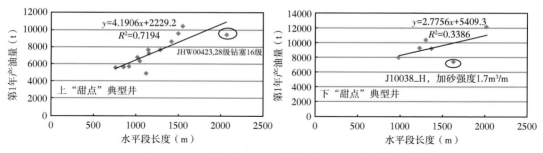

图 5-12 上、下"甜点"第 1 年产油量与水平段长度关系图

(3)产液量主要与压裂规模正相关。

压裂规模增大,产液量增大。3 年累计产液量与压裂液用量持平,最终产液量与压裂液用量的比值为 $1.2 \sim 1.6$,平均值为 1.5(图 5-13)。

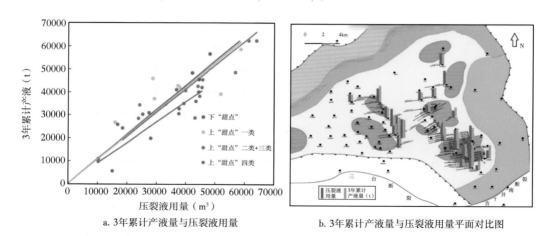

a. 3 年累计产液量与压裂液用量　　　　b. 3 年累计产液量与压裂液用量平面对比图

图 5-13 上、下"甜点"3 年累计液量与压裂液用量关系图

进一步分析单井压裂液用量、加砂量与第 1 年累计产油量关系表明,液量、砂量越大,第 1 年累计产油量越高,说明加大压裂规模,可以取得较好开发效果(图 5-14)。

(4)压裂强度与水平井产能正相关,提高加砂强度增产效果更明显。

选取可动油丰度、水平段长度相近的井,分析表明,加砂强度与采油强度正相关,可动油储量丰度、压裂方式会影响产能;加砂强度到 $3m^3/m$ 增幅明显,$3 \sim 4m^3/m$ 增幅减小(图 5-15)。

2. 数值模拟法

根据有产液剖面的井 J10038_H 井,分析影响开发效果主要因素。J10038_H 井测井水平段长 1660m,钻遇油层 915.5m,油层钻遇率 55.3%。钻遇 Ⅰ 类油层 376.6m,Ⅱ 类油层厚度 296.6m,Ⅲ 类油层厚度 242.3m。解释油层孔隙度 $0.12\% \sim 31.3\%$,平均孔隙度

7.7%，含油饱和度 0.29%～99.00%，平均含油饱和度 63.9%。

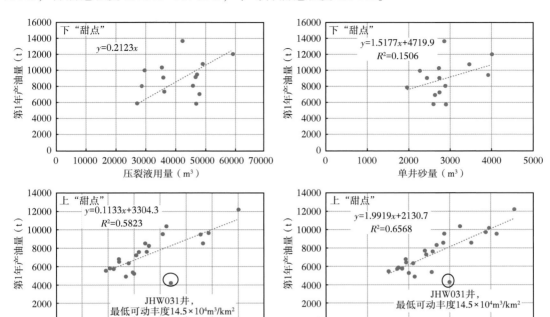

图 5-14　上、下"甜点"第 1 年产油量与压裂液、砂用量关系图

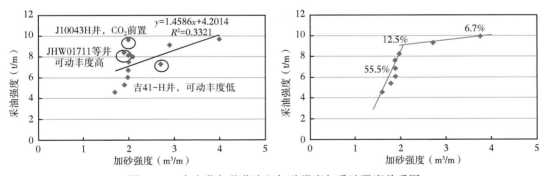

图 5-15　吉木萨尔芦草沟组加砂强度与采油强度关系图

1）压裂缝网展布特征

根据实际泵注程序，开展压裂模拟，模拟结果表明，缝长主要为 160～280m，缝高 22～34m；主要改造 $P_2l_1^{2-2}$ 层（表 5-2、图 5-16）。

表 5-2　J10038_H 井模拟缝网参数统计表

井号	裂缝长度 （m）	裂缝最大高度 （m）	平均裂缝高度 （m）	支撑剂裂缝长度 （m）	平均支撑裂缝高度 （m）	平均导流能力 （mD·m）
J10038_H	213.3	42.3	28.4	165.7	19.5	375.8

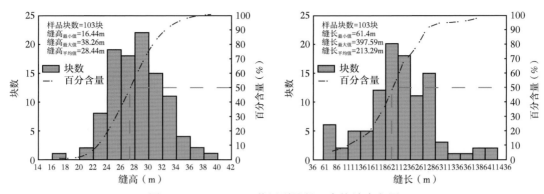

图 5-16 J10038_H 井压裂缝长、高统计直方图

2) 压裂后地层压力变化

压裂后地层压力增能效果与主力产层段一致性较好，主要为 A 点附近产油量高（图 5-17）。

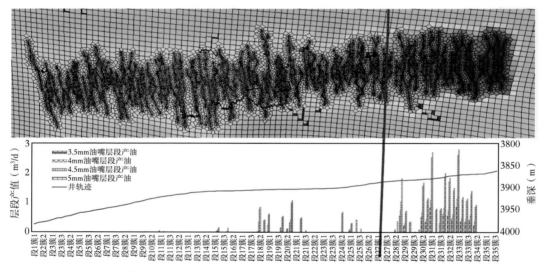

图 5-17 J10038_H 井压裂后地层压力与产液剖面对比图

3) 历史拟合效果

结合压裂缝网，开展生产动态模拟分析，整体压后生产动态拟合效果如下：拟合程度较好，超过 95%以上，说明该井地质模型、压裂模拟及数值模拟模型可靠，可以开展动静结合分析影响效果的主控因素（图 5-18）。

4) 历史拟合效果

选取渗透率、裂缝传导率、可动孔、支撑缝体积、缝长等参数（图 5-19、图 5-20），采神经网络算法，分析产液剖面与储层及压裂缝网参数的关系表明：储层渗透率、裂缝传导率是影响产能的主要因素，其次是可动孔和支撑裂缝体积（图 5-21）。

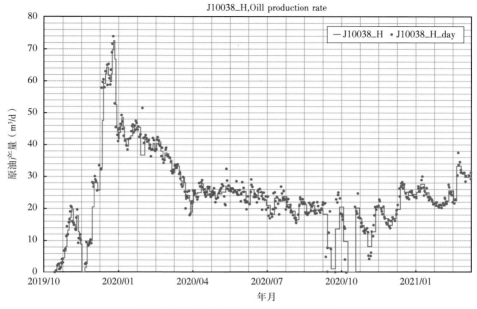

图 5-18　J10038_H 井历史拟合结果图

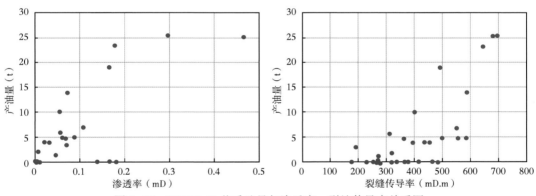

图 5-19　J10038_H 井采油量与渗透率、裂缝传导率关系图

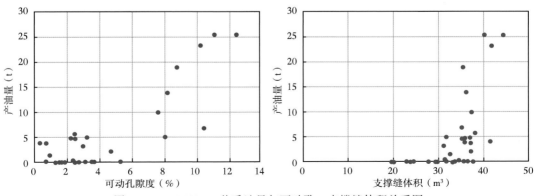

图 5-20　J10038_H 井采油量与可动孔、支撑缝体积关系图

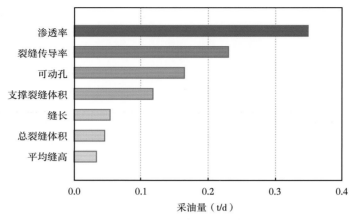

图 5-21　J10038_H 井神经网络分析影响采油量主控因素

　　综上分析表明，高产段具有较高渗透性，较好的支撑能力（裂缝传导率较大），且可动孔隙度相对较高；裂缝体积与产油量关系较差，说明储层因素为主因，裂缝改造体积仅有支撑作用的区域对产能贡献较好，压裂时，可以考虑储层因素，分段分物性优化设计压裂参数。

第二节　吉木萨尔页岩油藏体积压裂水平井产能递减规律研究

　　体积压裂水平井由于其复杂的渗流机理及复杂的地质条件等原因，使得体积压裂水平井的产能递减规律不甚明了。美国 Bakken 油田初期产量都很高，9~12 个月后开始进入稳定低递减阶段，双曲递减规律拟合度最高。而吉木萨尔页岩油藏体积压裂水平井的生产年限较短，水平井的产能递减规律不明显，油井产油能力差异大，因此需要在对其产能研究的基础上进行递减规律分析，并确定递减规律的影响因素，为页岩油藏体积压裂水平井的开发提供借鉴。

　　水平井体积压裂是页岩油藏目前最主要的建产方式。2013—2014 年，在吉 171 井—吉 174 井区域部署实施 10 口开发先导试验水平井，2016—2017 年，在吉 37 井区部署实施 2 口开发试验水平井，体积压裂水平井生产时间短，递减规律不清楚，选取典型体积压裂水平井进行递减规律分析，系统总结该页岩油藏体积压裂水平井的产能递减规律。初期产量峰值产量差别较大，峰值产量 1.54~108.5t/d，水平井生产特征按照峰值产量，可以分为两大类。

　　投产时间较长井水平递减特征表现出（图 5-22、图 5-23）：前 3 年递减较高，后逐年下降，第 4 年均在 20% 左右；转抽前后递减差异不大，产油水平递减和产液水平递减一致。

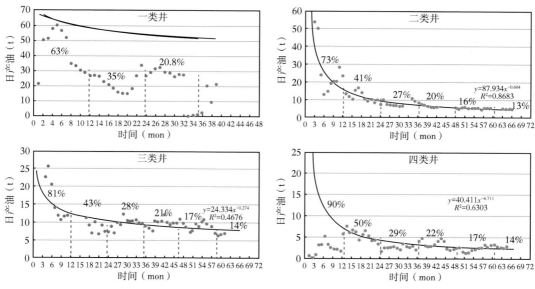

图 5-22 上"甜点"不同类型水平井递减曲线图

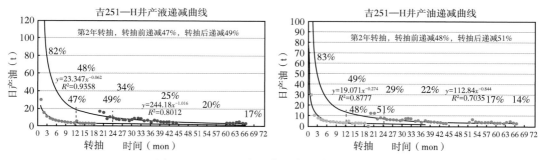

图 5-23 下"甜点"典型水平井递减曲线图

一、第一类高产型水平井产能递减分析

因部分井投产时间较短，选取 5 口递减较为明显的典型井(JHW023 井、JHW034 井、JHW035 井、JHW036 井、JHW032 井)进行整体递减分析，三种递减规律的相关系数 R^2 初始递减产量和初始递减率及 1 年后递减率统计结果见表 5-3。

表 5-3 第一类高产型水平井产能递减分析表

井号	R^2			递减类型	初始产量（m³/d）	初始递减率	1 年后递减率
	指数递减	调和递减	双曲递减				
JHW023	0.7071	0.8316	0.8286	调和	51.49	0.04	0.01
JHW034	0.8612	0.9816	0.9816	调和	68.91	0.08	0.01
JHW035	0.6827	0.7255	0.7255	调和	116.76	0.10	0.03
JHW036	0.9286	0.9204	0.9276	指数	74.56	0.05	0.02
JHW032	0.7939	0.7347	0.7939	指数	52.07	0.19	0.11
平均值	0.7947	0.8388	0.8514		72.76	0.09	0.04

根据拟合参数统计结果，按照相关系数最大原则可知，第一类高产体积压裂水平井的递减类型主要是调和型和指数型，其中调和型递减的水平井有 3 口，指数型递减的水平井有 2 口。双曲递减时的递减指数无限接近于 1 或 0，因此将 R^2 相同时递减类型归结为指数型或调和型，双曲递减的水平井不存在。初始产量和初始递减率较高，平均初始产量达到了 72.758m³/d，平均初始递减率达到了 9%，1 年后的平均递减率为 4%，1 年时间递减率损失 61%，可见第一类高产型水平井递减较快。

二、第二类中产型水平井产能递减分析

选取 5 口中产型典型水平井（JHW033 井、J1002_H 井、J1003_H 井、JHW045 井、JHW031 井），对其整体做指数递减、调和递减、双曲递减分析，三种递减规律的相关系数 R^2 初始递减产量和初始递减率及 1 年后递减率统计结果见表 5-4。

表 5-4　第二类中产型水平井产能递减分析表

井号	R^2			递减类型	初始产量（m³/d）	初始递减率	1 年后递减率
	指数递减	调和递减	双曲递减数				
JHW033	0.9176	0.7042	0.7306	指数	4.22	0.06	0.05
J1002_H	0.8891	0.8267	0.8878	调和	28.22	0.15	0.13
J1003_H	0.8783	0.8625	0.8773	指数	3.64	0.15	0.07
JHW045	0.7789	0.7581	0.7776	指数	7.04	0.22	0.01
JHW031	0.6424	0.7112	0.7118	调和	28.96	0.09	0.02
平均值	0.8213	0.7725	0.7970		14.42	0.13	0.06

根据拟合参数统计结果，按照相关系数最大原则可知，第二类中产型水平井的递减类型主要是指数型，但其中调和型递减的水平井有 2 口，双曲递减的水平井不存在。初始产量和初始递减率较低，平均初始产量达到了 14.416m³/d，平均初始递减率达到了 13%，1 年后的平均递减率为 6%，1 年时间递减率损失 54.85%，可见第二类中产型水平井递减较第一类高产型水平井慢。

第三节　吉木萨尔页岩油藏体积压裂水平井产能评价

一、等值渗流阻力法研究页岩油藏体积压裂水平井稳态产能

1. 假设条件

在芦草沟组致密页岩油藏中，部署水平井进行开发，采用分段压裂工艺压开储层，连通各个有效层位。为确定压裂水平井的产能，建立了相关计算模型，提出如下的假设条件：

（1）储层为上下边界封闭的无限大水平均质地层，不考虑隔夹层存在，外边界定压，不考虑重力作用。

（2）假设水平井压裂裂缝穿透所有层位，各个生产层位的流体通过裂缝流向井筒，裂

缝是垂直于水平井筒的横向裂缝，且以水平井筒对称分布，裂缝之间存在干扰。

（3）流体通过地层流入裂缝，再进入井筒，不考虑基质向水平井筒直接供液的情况。

（4）裂缝及裂缝附近地层属于压裂液渗吸改造区域，流体是双相流体，流动过程需要考虑压裂液的滞留和渗吸改造作用；远离裂缝的油藏中流体是单相流体，流动过程需要考虑启动压力梯度和应力敏感性。

（5）压裂裂缝内出现压力损耗现象，存在渗流阻力。

在以上假设条件的基础上，先从考虑致密页岩油藏压裂水平井单缝产能的角度出发，进行模型的推导。压裂裂缝在油藏中可以形成椭圆流场（图5-24），故穿透所有层位的裂缝在各生产层均产生椭圆流场，椭圆流场中流体先流入致密储层，再通过裂缝进入井筒（图5-25）。

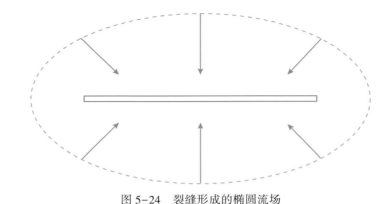

图 5-24　裂缝形成的椭圆流场

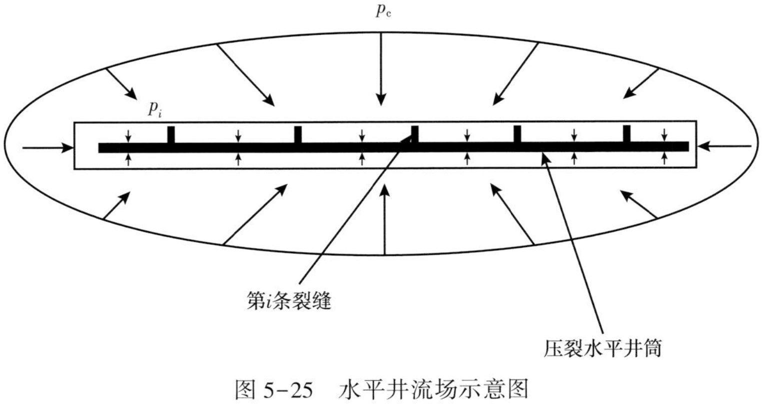

图 5-25　水平井流场示意图

2. 未改造区域产能方程推导

未被压裂液改造的致密页岩油藏中主要是单相流体，根据前人研究成果，压裂水平井生产时，裂缝的存在极大地提高了水平井压力波及范围，其形成的波及区域远大于不压裂的情况。纵向上贯穿地层的裂缝改变了地层流体的流动形态，其波及区域亦主要受裂缝影响，以裂缝为中心，每条裂缝的波及区域均呈现为类似椭圆柱体。

直角坐标和椭圆坐标的转换关系（图 5-26）为：

$$x = a\cos\eta \tag{5-1}$$

$$y = b\sin\eta \tag{5-2}$$

$$a = x_f\cosh\xi \tag{5-3}$$

$$b = x_f\sinh\xi \tag{5-4}$$

式中：a 为裂缝形成的椭圆渗流场的长半轴；b 为裂缝形成的椭圆渗流场的短半轴；x_f 为裂缝半长；η 为直角坐标中角度；ξ 为椭圆坐标系中的角度。

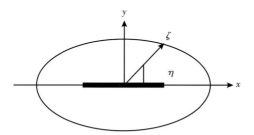

图 5-26　直角坐标系和椭圆坐标系的关系

由于流体在致密页岩油藏渗流时不满足达西定律，存在明显的非线性特征，应当考虑启动压力梯度和应力敏感性对渗流规律的影响，故流体在未被压裂液改造的致密页岩油藏中渗流的运动方程为：

$$v = \frac{K(p)}{\mu_o}\frac{\mathrm{d}p}{\mathrm{d}\bar{y}} \tag{5-5}$$

$$K(p) = k_0\mathrm{e}^{-\alpha_k(p_e-p)} \tag{5-6}$$

式中：v 为流动速度，m/s；μ_o 为地层油黏度，mPa·s；$K(p)$、K_0 分别为储层在当前压力和初始压力下的渗透率，mD；$\dfrac{\mathrm{d}p}{\mathrm{d}\bar{y}}$ 为压力梯度，MPa/m；α_k 为应力敏感系数，MPa^{-1}；p、p_e 分别为当前地层压力和原始地层压力，MPa。

式（5-5）中平均短半轴半径为：

$$\bar{y} = \frac{2}{\pi}\int_0^{\frac{\pi}{2}}y\mathrm{d}y = \frac{2}{\pi}\int_0^{\frac{\pi}{2}}b\,\sin\eta\mathrm{d}y = \frac{2b}{\pi} = \frac{2x_f\sinh\xi}{\pi} \tag{5-7}$$

则有：

$$\frac{\mathrm{d}\bar{y}}{\mathrm{d}\xi} = \frac{2x_f\cosh\xi}{\pi} \tag{5-8}$$

$$\frac{\mathrm{d}p}{\mathrm{d}\bar{y}} = \frac{\mathrm{d}p}{\mathrm{d}\xi}\frac{\mathrm{d}\xi}{\mathrm{d}\bar{y}} = \frac{\pi}{2x_f\cosh\xi}\frac{\mathrm{d}p}{\mathrm{d}\xi} \tag{5-9}$$

椭圆柱面过流端面的面积，近似用椭圆长轴的矩形面积表示为：

$$A = 4ah = 4x_f h \cosh\xi \tag{5-10}$$

由此可以得到油藏中流体渗流速度为：

$$v = \frac{qB_0}{4x_f h \cosh\xi} \tag{5-11}$$

式中：q 为压裂水平井单缝产量，m^3/d；h 为油层厚度，m；B_o 为原油体积系数。

联立式（5-5）、式（5-6）和式（5-11），得：

$$\frac{qB_o}{4x_f h \cosh\xi} = \frac{k_0 e^{-\alpha_k(p_e - p)}}{\mu_o}\left(\frac{\pi}{2x_f \cosh\xi}\frac{\mathrm{d}p}{\mathrm{d}\xi} - G\right) \tag{5-12}$$

式中：G 为启动压力梯度，MPa/m。

令 $H = e^{-\alpha_k(p_e - p)}$，则有：

$$\frac{\mathrm{d}H}{\mathrm{d}\xi} = e^{-\alpha_k(p_e - p)}\alpha_k \frac{\mathrm{d}p}{\mathrm{d}\xi} = \alpha_k H \frac{\mathrm{d}p}{\mathrm{d}\xi} \tag{5-13}$$

式（5-13）可以转化为：

$$\frac{\pi}{2\alpha_k x_f \cosh\xi}\frac{\mathrm{d}H}{\mathrm{d}\xi} - GH = \frac{qB_o \mu_o}{4x_f h \cosh\xi k_0} \tag{5-14}$$

即：

$$\frac{\mathrm{d}H}{\mathrm{d}\xi} - \frac{2\alpha_k G x_f \cosh\xi}{\pi} H = \frac{qB_o \mu_o \alpha_k}{4x_f h \cosh\xi k_0} \tag{5-15}$$

求解式（5-15），得：

$$H(\xi) = e^{\frac{2\alpha_k G x_f}{\pi}\sinh\xi}\left[\frac{qB_o \mu_o \alpha_k}{2\pi k_0 h}\left(\xi - \frac{2\alpha_k G x_f}{\pi}\cosh\xi\right) + c\right] \tag{5-16}$$

当 $r = r_e$，有 $\xi = \xi_e$，$p = p_e$，$H(\xi_e) = 1$，代入式（5-16），得：

$$c = e^{-\frac{2\alpha_k G x_f}{\pi}\sinh\xi_e} - \frac{qB_o \mu_o a_k}{2\pi k_0 h}\left(\xi_e - \frac{2\alpha_k G x_f}{\pi}\cosh\xi_e\right) \tag{5-17}$$

所以有：

$$H(\xi) = e^{\frac{2\alpha_k G x_f}{\pi}(\sinh\xi - \sinh\xi_e)} + e^{\frac{2\alpha_k G x_f}{\pi}\sinh\xi}\frac{qB_o \mu_o \alpha_k}{2\pi k_0 h}\left[(\xi - \xi_e) - \frac{2\alpha_k G x_f}{\pi}(\cosh\xi - \cosh\xi_e)\right] \tag{5-18}$$

则流体在未被压裂液改造的致密页岩油藏中稳态渗流时的压力分布方程为：

$$p_e - p = -\frac{1}{\alpha_k}\ln\left\{1 - e^{\frac{2\alpha_k G x_f}{\pi}\sinh\xi_e}\frac{qB_o \mu_o \alpha_k}{2\pi k_0 h}\left[(\xi_e - \xi) - \frac{2\alpha_k G x_f}{\pi}(\cosh\xi_e - \cosh\xi)\right]\right\}$$
$$+ \frac{2G x_f}{\pi}(\sinh\xi_e - \sinh\xi) \tag{5-19}$$

第 i 条裂缝形成的椭圆流中，未被压裂改造区边界处的压力为 p_i，此时 $\xi=0$，代入式（5-19），得到在致密页岩油藏中压裂水平井裂缝形成的单相椭圆流场的产量为：

$$p_e - p_i = -\frac{1}{\alpha_k}\ln\left[1 - \mathrm{e}^{\frac{2\alpha_k G b_e}{\pi}}\frac{\alpha_k q_i \mu_o B_o}{2\pi k_0 h}\left(\xi_e - \frac{2\alpha_k G a_e}{\pi} + \frac{2\alpha_k G x_f}{\pi}\right)\right] + \frac{2G b_e}{\pi} \qquad (5-20)$$

式中：ξ_e 为最大泄油半径的椭圆坐标；a_e 为最大泄油半径形成的椭圆长半轴，m；b_e 为最大泄油半径形成的椭圆短半轴，m；q_i 为第 i 条缝形成的单相椭圆流场产量，$\mathrm{m^3/d}$。

3. 压裂液改造区域产能方程推导

1）压裂液与地层流体作用表征

压裂液注入地层后，对地层流体的主要作用体现在压裂液渗吸置换地层流体及压裂液滞留导致地层增压。图 5-27 为压裂液注入地层及返排时，复杂缝网中压裂液渗吸作用示意图。假设原始饱和流体与岩石孔隙体积表征单元体的体积为 V_1；当压裂液注入地层之后形成复杂裂缝网络，置换出基质中的原油，此时孔隙体积为 V_2；压裂施工完毕，进行返排时，压裂液滞留于储层改造范围内的天然裂缝和人工裂缝中，此时表征单元体的孔隙体积为 V_3。这 3 个阶段的孔隙体积关系为 $V_2 > V_3 > V_1$。由于整个过程可能会随着返排时间的不同而导致渗吸效果的千差万别，研究中未考虑不同裂缝之间返排顺序的差异。

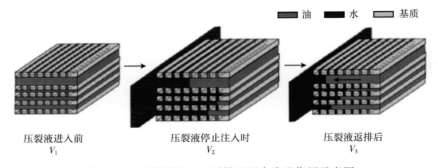

图 5-27　压裂液注入—返排过程中渗吸作用示意图

2）渗吸作用数学模型

根据物理模型发现，渗吸置换原油主要发生在双重介质区，在多孔介质中，润湿相流体依靠毛管力作用置换非润湿相流体的过程称为渗吸，故本书通过在基质与裂缝窜流项中引入毛管力来表征这一过程。

假设基质中是拟稳态流动，其控制方程为：

$$\phi_m C_m \frac{\partial p_m}{\partial t} + 1000\frac{\alpha K_m}{\mu}(p_m - p_f + p_c) = 0 \qquad (5-21)$$

式中：ϕ_m 为基质的孔隙度；C_m 为基质的综合压缩系数，$\mathrm{MPa^{-1}}$；p_m 为基质的压力，MPa；t 为渗吸作用的时间，t；α 为形状因子，$\mathrm{m^{-2}}$；K_m 为基质的渗透率，D；μ 为压裂液改造区中流体的黏度，$\mathrm{mPa \cdot s}$；p_f 为裂缝的压力，MPa。

裂缝中拟稳态流动控制方程为：

$$\frac{\phi_f \mu C_f}{K_f} \frac{\partial p_f}{\partial t} = 0.1 \frac{\partial^2 p_f}{\partial x^2} + 0.1 \frac{\alpha K_m}{K_f}(p_m - p_f + p_c) = 0 \qquad (5-22)$$

式中：C_f 为裂缝的综合压缩系数，MPa^{-1}。

双重介质区域的微裂缝尺寸可用其平均裂缝宽度 w 表示，其中，界面张力、润湿角都可以通过室内实验的方法得到，则毛管力 p_c 为：

$$p_c = \frac{2\sigma \cos\theta}{w} \qquad (5-23)$$

式中：σ 为界面张力，N/m。

3）压裂液改造区域压力表征

压裂液返排后会在地层中滞留，从而引起地层压力升高。根据状态方程对压力的升高程度定量描述方法，假设渗吸区的等效原始孔隙度为 ϕ_{in}，由于压裂液的滞留使孔隙度变大，根据物质平衡原理计算单条裂缝压裂液滞留后的渗吸区孔隙度为：

$$\phi_{im} = \frac{(Q_i - Q_o) + 4\phi_{in}\left(d - \dfrac{w_f}{2}\right)x_f h}{4\left(d - \dfrac{w_f}{2}\right)x_f h} \qquad (5-24)$$

式中：ϕ_{im} 为压裂改造后新的渗吸区孔隙度；Q_i 为单裂缝压裂液注入量，m^3；Q_o 为单裂缝压裂液返排量，m^3；ϕ_{in} 为地层初始孔隙度；d 为单裂缝到渗吸区外边缘的距离，m；w_f 为裂缝宽度，m；x_f 为裂缝半长，m；h 为油层厚度，m。

基于岩石的状态方程 $\phi = \phi_0 e^{c_f(p-p_0)}$ 及单条裂缝形成的流动区域示意，可以得到单条裂缝压裂液滞留后的双重介质区域压力为：

$$p_{im} = p_e + \lg\left(\frac{\phi_{im}}{\phi_{in}}\right)\frac{1}{C_f}\frac{x_f(d - w_f/2)}{y_e x_e} \qquad (5-25)$$

式中：p_{im} 为单条裂缝双重介质区域压裂液滞留后的地层压力，MPa；p_e 为原始地层压力，MPa；C_f 为岩石压缩系数，MPa^{-1}；y_e 为微裂缝控制长度，m；x_e 为微裂缝控制宽度，m。

4. 利用"等值渗流阻力法"求解体积压裂水平井产能模型

利用水电相似原理，用电路图描述渗流过程，单条裂缝形成的未改造区域和双重介质区域流动阻力相互串联，这两个区域的产量相等，未被压裂改造区内边界处的压力与压裂液滞留后的双重介质区域外边界压力相等：

$$q_i = \frac{p_e - p_{wxi}}{R_{ui1} + R_{ui2}} \qquad (5-26)$$

$$R_{ui3} = \frac{\mu L_d}{2\pi} \qquad (5-27)$$

$$p_{imi} = p_i \qquad (5-28)$$

式中：p_e 代表地层压力；p_i 代表第 i 条裂缝带形成的椭圆流场中未被压裂液改造区域内边界处的压力，也是压裂液改造区域外边界处的压力；p_{wxi} 代表第 i 条裂缝中心压力；q_i 代表第 i 条裂缝带形成的椭圆流场产量；R_{ui1}、R_{ui2}、R_{ui3} 分别代表每条裂缝未改造区域流动阻力、改造区域流动阻力和水平井筒相邻裂缝间的阻力。

各条裂缝之间相互并联，流经每条裂缝形成的椭圆流场的流量之和等于该水平井体积压裂后的总产量：

$$q_1 + q_2 + q_3 + \cdots q_n = Q \tag{5-29}$$

5. 考虑裂缝干扰情况

如图 5-28 所示，当压裂水平井同时压开多条裂缝时，在生产初期，每个生产层中裂缝形成的椭圆流场面积较小，这些渗流场相互独立，没有发生相交，所以裂缝之间不存在干扰，但这个阶段持续时间很短，基本可以忽略，因此可以直接运用裂缝干扰的产能公式进行计算。随着生产时间的不断增加，压裂裂缝椭圆流场的长短轴长度都增加，这样导致椭圆流场相交，出现裂缝干扰现象。

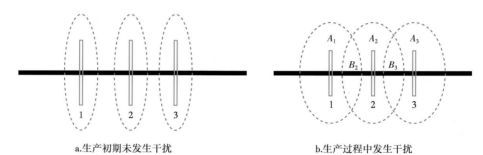

a.生产初期未发生干扰　　　　　　　　　　b.生产过程中发生干扰

图 5-28　裂缝干扰现象情况示意图

以图 5-28b 中的 3 条裂缝干扰为例，设每条裂缝形成的椭圆流场渗流面积为 A_1、A_2 和 A_3，裂缝的产量分别为 q_1、q_2 和 q_3，相邻 2 条裂缝相交面积为 B_2、B_3。根据面积流量的观点，在发生裂缝干扰现象时，单条裂缝影响的渗流面积对压裂水平井产能的贡献与此渗流面积成正比，则得到压裂水平井 3 条裂缝相互干扰时的产量预测公式为：

$$q = \frac{A_1 - B_1/2 - B_2/2}{A_1} q_1 + \frac{A_2 - B_2/2 - B_3/2}{A_2} q_2 + \frac{A_3 - B_3/2 - B_4/2}{A_3} q_3 = \sum_{j=1}^{3} \frac{A_j - B_{j+1}/2 - B_{j+1}/2}{A_j} q_j$$

$$\tag{5-30}$$

其中，B_1 和 B_4 是为了使公式表达简洁而假设的变量，且 $B_1 = B_4 = 0$。同理，当存在多条压裂裂缝时，可以按照此方法来考虑裂缝间的干扰情况。

6. 致密页岩油藏体积压裂水平井稳态产能模型

假设致密页岩油藏水平井共有 n 条裂缝，每条裂缝形成的椭圆流场外边界地层压力为 p_{ei}（$i=1$，2，$\cdots$，n），厚度为 h_i（$i=1$，2，$\cdots$，n），原始地层压力下渗透率为 k_{0i}（$i=1$，2，$\cdots$，n），启动压力梯度为 G_i（$i=1$，2，$\cdots$，n），应力敏感系数为 α_{ki}（$i=1$，2，$\cdots$，n），压裂裂缝中心的压力为 p_{wfi}（$i=1$，2，$\cdots$，n），每条裂缝的半长为 x_{fi}（$i=1$，2，$\cdots$，n），裂缝宽度为 w_{fi}（$i=1$，2，$\cdots$，n），每条裂缝产生的泄油半径的椭圆坐标为 ξ_i（$i=$

1，2，$\cdots$，n），椭圆流场长半轴为 a_i（$i=1$，2，$\cdots$，n），椭圆流场短半轴为 b_i（$i=1$，2，$\cdots$，n），任意相邻两裂缝间距为 l_i（$i=1$，2，$\cdots$，$n-1$），每条裂缝形成的椭圆流场产量为 q_i（$i=1$，2，$\cdots$，n），则可以得到致密页岩油藏压裂水平井产能模型：

$$\begin{cases} p_{ei} - p_i = \dfrac{1}{\alpha_{ki}}\ln\left[1 - e^{\frac{2\alpha_{ki}G_ib_i}{\pi}}\dfrac{\alpha_{ki}q_i\mu_oB_o}{2\pi K_{0i}h}\left(\xi_{ei} - \dfrac{2\alpha_{ki}G_ia_i}{\pi} + \dfrac{2\alpha_{ki}G_ix_{fi}}{\pi}\right)\right] + \dfrac{2G_ib_i}{\pi} \quad (i=1,2,\cdots,n) \\[3mm] p_i = p_{imi} = p_{in} + \lg\left(\dfrac{\phi_{imi}}{\phi_{in}}\right)\dfrac{1}{C_f}\dfrac{x_{fi}(d_i - w_{fi}/2)}{y_{ei}x_{ei}} \quad (i=1,2,\cdots,n) \\[3mm] Q = \displaystyle\sum_{i=1}^{n}\dfrac{A_i - B_i/2 - B_{i+1}/2}{A_i}q_i \quad (i=1,2,\cdots,n) \end{cases} \qquad (5-31)$$

其中：$A_i = \pi a_i b_i$；当不存在裂缝干扰时，干扰面积 $B_i = 0$，存在裂缝干扰时，裂缝干扰面积为 $B_i = 2a_ib_i\arccos\dfrac{l_i}{2b_i} - \dfrac{a_il_i}{b_i}\sqrt{b_i^2 - \dfrac{l_i^2}{4}}$。

7. 考虑水平井井筒压降的体积压裂水平井稳态产能模型

式（5-33）中的 p_{wxi}（$i=1$，2，$\cdots$，n）即为水平井井筒内各点的压力，为求解出这些压力值，首先需要对井筒中的流体流动过程进行分析，流体从裂缝流入井筒中，之后与井筒中原有流体汇合，一同流向水平井的跟端。水平井筒中的流动方式可以看作是井筒流体的轴向流动和裂缝流体向井筒的径向流动，因此水平井井筒压降主要由井筒摩阻压降和裂缝加速度压降两个部分构成。

1）井筒摩阻压降

取井筒上相邻的两条裂缝与裂缝之间的井段进行分析，如图5-29所示，流体从第 $i+1$ 条裂缝流向第 i 条裂缝。为了方便，记第 $i+1$ 条裂缝右端进口压力为 $p_{w2,i+1}$，左端出口压力为 $p_{w1,i+1}$，第 i 条裂缝右端进口压力为 $p_{w2,i}$，左端出口压力为 $p_{w1,i}$。当流体从第 $i+1$ 条裂缝的左端流向第 i 条裂缝的右端时，流体未从径向流入井筒，此时根据动量定理可得：

$$(p_{w1,i+1} - p_{w2,i})A - 2\tau_w\pi r_w\Delta L_{i+1} =_{2,i}v_{2,i} - m_{1,i+1}v_{1,i+1} \qquad (5-32)$$

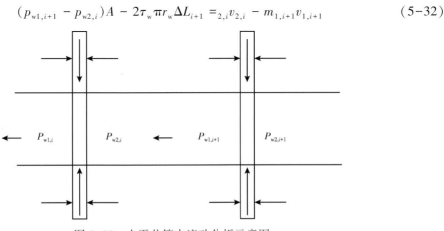

图 5-29 水平井筒内流动分析示意图

式中：m 为流体的质量流量，kg/s；A 为水平井筒截面积，m^2；τ_w 为井筒壁面剪切应力，MPa；ΔL_{i+1} 为第 $i+1$ 段水平井段长度，m；r_w 为水平井井筒半径，m。

将 $m=\rho A v$，$\tau_w=f\rho v^2/8$ 代入式（5-32），整理之后得到：

$$p_{w1,i+1} - p_{w2,i} = \Delta p_{i+1} + (p_{2,i}v_{2,i}^2 - \rho_{1,i+1}v_{1,i+1}^2) \qquad (5-33)$$

式（5-33）等号右侧最后一项代表着这段井筒由于动量损失造成的加速度压降，而这段井筒没有径向流体的流入，所以不存在加速度压降。Δp_{i+1} 表示这段井筒中由于壁面剪切应力的作用而产生的摩擦压力降：

$$\Delta p_{i+1}=p_{w1,i+1}-p_{w2,i}=\frac{2\tau_w\pi r_w\Delta L_{i+1}}{A}=\frac{f\rho_o q_{i+1}^2\Delta L_{i+1}}{4\pi^2 r_w^2} \qquad (5-34)$$

式中：f 为摩阻因子；ρ_o 为原油密度，kg/m^3；q_{i+1} 为第 $i+1$ 段水平井段流体流量，m^3/d。

摩阻因子与井筒中的流速有关联，而流速决定于井筒中的流量，通过与流量有关的雷诺数 N_{Re} 可以判断出井筒处某段的流态（包括层流、紊流、过渡流），因此摩阻因子可以通过下式进行计算：

$$\begin{cases} f=\dfrac{64}{N_{Re}} & (N_{Re}\leqslant 2000) \\[2mm] \dfrac{1}{\sqrt{f}}=1.14-2\ln\left(\dfrac{e}{2r_w}+\dfrac{21.25}{N_{Re}^{0.9}}\right) & (N_{Re}\geqslant 4000) \\[2mm] f=\lambda f_1+(1-\lambda)f_2 & (2000<N_{Re}<4000,\lambda=0.1\sim 0.3) \end{cases} \qquad (5-35)$$

$$N_{Re}=\frac{\rho v d}{\mu}=\frac{2\rho_o q_o}{\mu\pi r_w} \qquad (5-36)$$

当 $N_{Re}\leqslant 2000$，流体处在层流流动状态；当 $N_{Re}\geqslant 4000$ 时，流体处于紊流流动状态，当 $2000<N_{Re}<4000$ 时，流体属于过渡流状态。

2）裂缝加速度压降

由于裂缝处有流体流入井筒，进而会产生加速度压力降，以图 5-29 中的第 i 条裂缝为例，加速度压降 Δp_{acci}：

$$\Delta p_{acci} = p_{w2,i} - p_{w1,i} = \frac{\rho_o}{\pi^2 r_w^4}(q_i^2 - q_{i+1}^2) \qquad (5-37)$$

3）水平井井筒压降模型

根据以上分析，整理后可得：

$$\begin{cases} p_{w1,i+1}-p_{w2,i}=\dfrac{f_i\rho_o q_{i+1}^2\Delta L_{i+1}}{4\pi^2 r_w^2} & (i=1,2,\cdots,n-1) \\[3mm] p_{w1,1}-p_{wf}=\dfrac{f_1\rho_o q_1^2\Delta L_1}{4\pi^2 r_w^2} \end{cases} \qquad (5-38)$$

$$\begin{cases} p_{w2,i} - p_{w1,i} = \dfrac{\rho_o}{r_w^4}(q_i^2 - q_{i+1}^2) & (i = 1, 2, \cdots, n-1) \\ p_{w2,i} - p_{w1,i} = 0 & (i = n) \end{cases} \tag{5-39}$$

式中：q_1 为第 1 段水平井段流体流量，m^3/d；ΔL_1 为第 1 条裂缝到水平井底的距离，m。

流体从裂缝中进入水平井筒时，其压力与该点处的井筒流体压力相等，因此水平井筒与压裂裂缝的耦合条件为：

$$p_{wxi} = \frac{p_{w1,i} + p_{w2,i}}{2} \tag{5-40}$$

4）考虑井筒压降致密页岩油藏压裂水平井稳态产能模型

综合式，可以得到考虑非线性渗流、应力敏感性、启动压力梯度、裂缝干扰及水平井井筒压降的致密页岩油藏压裂水平井产能模型为：

$$\begin{cases} p_{ei} - p_i = \dfrac{1}{\alpha_{ki}}\ln\left[1 - e^{\frac{2\alpha_{ki}G_ib_i}{\pi}}\dfrac{\alpha_{ki}\ q_i\mu_o B_o}{2\pi K_{0i}h}\left(\xi_{ei} - \dfrac{2\alpha_{ki}G_i a_i}{\pi} + \dfrac{2\alpha_{ki}G_i x_{fi}}{\pi}\right)\right] + \dfrac{2G_ib_i}{\pi} & (i = 1, 2, \cdots, n) \\ p_i = p_{imi} = p_{in} + \lg\left(\dfrac{\phi_{imi}}{\phi_{in}}\right)\dfrac{1}{C_f}\dfrac{x_{fi}(d_i - w_{fi}/2)}{y_{ei}x_{ei}} & (i = 1, 2, \cdots, n) \\ p_{w1,1} - p_{wf} = \dfrac{f_1\rho_o q_1^2\ \Delta L_1}{4\pi^2 r_w^2} & (i = 1) \\ p_{w1,i+1} - p_{w2,i} = \dfrac{f_i\ \rho_o q_{i+1}^2 \Delta L_{i+1}}{4\pi^2 r_w^2} & (i = 1, 2, \cdots, n-1) \\ p_{w2,i} - p_{w1,i} = \dfrac{\rho_o}{r_w^4}(q_i^2 - q_{i+1}^2) & (i = 1, 2, \cdots, n-1) \\ p_{w2,i} - p_{w1,i} = 0 & (i = n) \\ p_{wxi} = \dfrac{p_{w1,i} + p_{w2,i}}{2} \\ Q = \displaystyle\sum_{i=1}^{n}\dfrac{A_i - B_i/2 - B_{i+1}/2}{A_i}q_i & (i = 1, 2, \cdots, n) \end{cases} \tag{5-41}$$

以吉 32_H 井物性参数和开发数据为基础，通过致密页岩油藏压裂水平井稳态产能计算模型可以得到每条裂缝中心处的压力见表 5-5，每条裂缝的产量如图 5-30 所示。通过等值渗流阻力法模型计算压裂水平井的产量为 8.692m^3/d，与实际生产结果误差为 0.60%，说明了模型的可靠性。

从表 5-5 可以看出，水平井井筒压降较小，各条裂缝中心处的压力几乎相同，即水平井井筒内的压降损失对致密页岩油藏的产能影响较小。分析图 5-30 可以发现，由于存在裂缝干扰现象，两侧裂缝的产量明显高于中间裂缝，中间裂缝的产量几乎相同，所以在开发致密页岩油藏的过程中需要重点关注两侧裂缝。

表5-5　每条裂缝中心处的压力统计表

裂缝编号	1	2	3	4
压力（MPa）	20.52461	20.52461	20.52461	20.52461
裂缝编号	5	6	7	8
压力（MPa）	20.52461	20.52462	20.52461	20.52461
裂缝编号	9	10	11	12
压力（MPa）	20.52461	20.52461	20.52461	2052461
裂缝编号	13	14	15	16
压力（MPa）	20.52461	20.52461	20.52461	27.52461

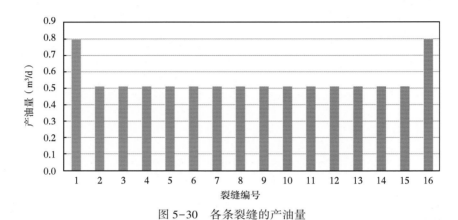

图5-30　各条裂缝的产油量

二、体积压裂水平井产能影响因素及规律

采用上述解析模型，研究各因素对产能的影响及规律。

1. 油层厚度对体积压裂水平井产能的影响

分别设置致密页岩油藏油层厚度为10m、15m、20m、25m、30m、35m，分析致密页岩油藏油层厚度对压裂水平井产能的影响。

如图5-31所示，当油层厚度从20m增加到25m时，产油量增加幅度最大，说明致密

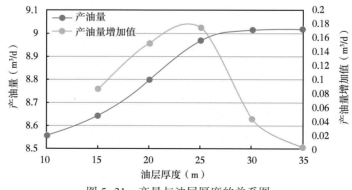

图5-31　产量与油层厚度的关系图

页岩油藏的储层性质对压裂水平井的产量存在较大的影响；油层厚度越小，压裂水平井的产油量越小，因此在开采致密储层时，要根据实际油层厚度对产能进行评价。

2. 油藏渗透率对体积压裂水平井产能的影响

设置致密储层渗透率为 0.02mD、0.03mD、0.04mD、0.05mD、0.06mD，分析油藏渗透率对压裂水平井产能的影响。

如图 5-32 所示，致密储层压裂水平井的产能随渗透率的增加而增加，且渗透率越低，压裂水平井的产量增加效果越明显，因此压裂水平井适合开发致密储层。

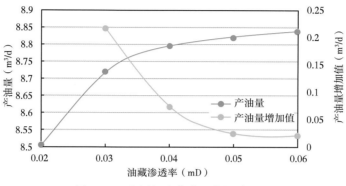

图 5-32　产量与油藏渗透率的关系图

3. 启动压力梯度对体积压裂水平井产能的影响

当水平井长度为 1200m，压裂裂缝为 16 条，裂缝等间距分布，裂缝半长 130m，裂缝导流能力 35Dcm，应力敏感系数 $0.01MPa^{-1}$ 时，分别设置启动压力梯度为 0、1MPa/m、2MPa/m、3MPa/m，分析启动压力梯度对薄互层低渗透油藏压裂水平井产能的影响。

如图 5-33 所示，启动压力梯度与产油量成反比，启动压力梯度越大，产油量越低，两者近似呈线性关系，启动压力梯度越大，其对致密页岩油藏的产量影响越大，因此在致密页岩油藏开发过程中不可以忽略启动压力梯度对产能的影响。

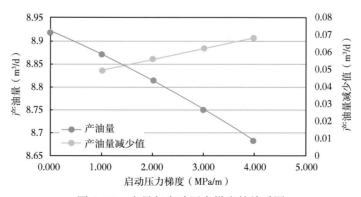

图 5-33　产量与启动压力梯度的关系图

4. 应力敏感系数对体积压裂水平井产能的影响

当水平井长度为 1200m，压裂裂缝为 16 条，裂缝等间距分布，裂缝半长 130m，裂缝导流能力为 35Dcm，启动压力梯度为 2.84MPa/m 时，分别设置应力敏感系数为 0、0.1MPa^{-1}、0.2MPa^{-1}、0.3MPa^{-1}、0.4MPa^{-1}，分析应力敏感系数对致密页岩油藏压裂水平井产能的影响。

如图 5-34 所示，应力敏感系数与产油量成反比，应力敏感系数越大，产油量越低，两者近似呈线性关系，说明在致密页岩油藏开发过程中不能忽略应力敏感系数的影响。

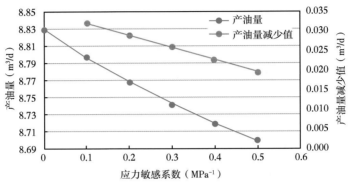

图 5-34　产量与应力敏感系数的关系图

5. 裂缝条数对体积压裂水平井产能的影响

当保持其他条件不变，设置水平井长度为 1200m 时，分别设置裂缝条数为 4~20 条，分析裂缝条数对致密页岩油藏压裂水平井产能的影响。

如图 5-35 所示，压裂水平井产油量随着裂缝条数的增多而增大，但随着裂缝条数的增加，裂缝干扰作用增强，导致产油量增加值减小，因此，一定长度的水平井存在最优裂缝条数。考虑到裂缝条数增加对产油量增加的贡献及经济可行性，推荐本例中 1200m 水平井的最优裂缝条数为 14~18 条。

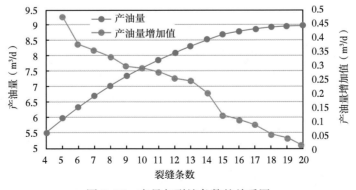

图 5-35　产量与裂缝条数的关系图

6. 水平井段长度对体积压裂水平井产能的影响

当保持其他条件不变时，分别设置水平井段长度为 500m、600m、700m、800m、900m、1000m、1100m、1200m、1300m、1400m、1500m、1600m、1700m、1800m，分析水平井段长度对致密页岩油藏压裂水平井产能的影响。

如图 5-36 所示，压裂水平井水平井段长度越长，产油量越大，但增加幅度越来越小，这主要是由于水平井段长度的增加，流体在井筒内流动的距离增加，使得摩阻变大，同时裂缝干扰作用也随着水平井段的增加而减小，因此水平井长度不是越长越好。

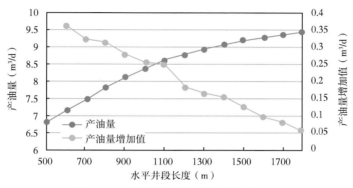

图 5-36　产量与水平井段长度的关系图

7. 裂缝半长对体积压裂水平井产能的影响

当选定最佳水平井段长度 1500m、裂缝条数 16 条时，分别设置裂缝半长为 60m、70m、80m、90m、100m、110m、120m、130m、140m、150m、160m，分析裂缝半长对致密页岩油藏压裂水平井产能的影响。

如图 5-37 所示，压裂水平井裂缝半长越长，产油量越大，但随着裂缝半长的增加，产油量增加越小，这主要是由于裂缝半长增加虽然使流动的面积扩大，但也使得从裂缝流向井底的渗流阻力变大。同时，裂缝越长对施工设备要求越高，压裂成本也越高，因此不能无限制地追求长缝。考虑到裂缝半长增加对产油量增加的贡献及经济可行性，推荐本例中裂缝半长为 120~150m。

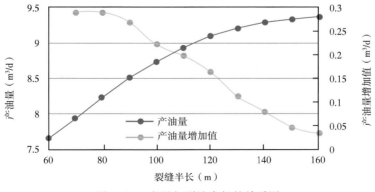

图 5-37　产量与裂缝半长的关系图

8. 储层渗透率与裂缝导流能力关系

致密页岩油藏储层物性差，流体流动困难，增加压裂裂缝导流能力，能够降低流体流动阻力，增加油井产量，但并不是裂缝导流能力越大越好，而是存在最优裂缝导流能力。当选定水平井段长度1500m、裂缝条数16条、裂缝半长130m时，设置不同储层渗透率、不同的裂缝导流能力的组合，分析致密页岩油藏渗透率与压裂裂缝导流能力之间的匹配关系。

如图5-38所示，以储层渗透率0.02mD为例，当裂缝导流能力小于20D·cm时，随着导流能力增加，产量增加较大，当裂缝导流能力大于20D·cm时，随着导流能力增加，产量增加很小，几乎不发生变化，因此确定20D·m是储层渗透率为0.02mD时的最佳裂缝导流能力。同理，可以依次得到储层渗透率为0.03mD，最优裂缝导流能力为25~30D·cm；当储层渗透率为0.04mD，最优裂缝导流能力为30~35D·cm；当储层渗透率为0.05~0.06mD，最优裂缝导流能力为35~45D·cm。所以可以发现，随着储层渗透率的增加，压裂水平井的最佳裂缝导流能力增大。

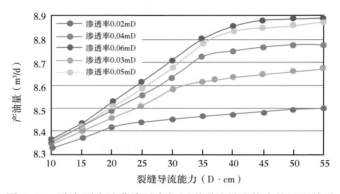

图5-38　致密页岩油藏渗透率与压裂裂缝导流能力的匹配关系

三、致密页岩油藏体积压裂水平井产能敏感性参数排序

通过建立的致密页岩油藏压裂水平井产能计算公式，研究了各因素对产能的影响，为了确定这些因素的影响顺序，先定性确定了各个参数的最优水平：油层厚度25m、油藏渗透率0.04mD、启动压力梯度1MPa/m、应力敏感系数0.1MPa^{-1}、水平井长度1500m、裂缝条数16条、裂缝半长140m、裂缝导流能力35D·cm。以各参数的最优水平值为基础，通过直观判断法和变异系数法来研究各参数对页岩油藏压裂水平井产能的影响次序。

1. 直观判断法

直观判断法的分析思路为先得到每个因素在各种取值下产能的相对变化量，后经过比较各个因素作用下产能的最大变化量，判断该因素对产能的影响程度。利用直观判断法得到的结果见表5-6。对于致密页岩油藏压裂水平井产能的影响因素，其影响程度从大到小的顺序为裂缝条数、水平井段长度、裂缝半长、油层厚度、裂缝导流能力、油藏渗透率、应力敏感系数、启动压力梯度。

表5-6　运用直观判断法得到的结果

油层厚度 （m）	产油量相对 偏差	油藏渗透率 （mD）	产油量相对 偏差	启动压力梯度 （MPa/m）	产油量相对 偏差
10	−0.0459	0.02	−0.0333	0	0.0060
15	−0.0364	0.03	−0.0085	1	0
20	−0.0194	0.04	0	2	−0.0064
25	0	0.05	0.0027	3	−0.0134
30	0.0048	0.06	0.0050	4	−0.0213
35	0.0051	—	—	—	—
应力敏感系数 （MPa^{-1}）	产油量相对 偏差	裂缝条数	产油量相对 偏差	裂缝条数	产油量相对 偏差
0	0.0037	4	−0.3776	13	−0.0477
0.1	0	5	−0.3234	14	−0.0248
0.2	−0.0033	6	−0.2804	15	−0.0117
0.3	−0.0063	7	−0.2398	16	0
0.4	−0.0089	8	−0.2022	17	0.0096
0.5	−0.0112	9	−0.1681	18	0.0154
—	—	10	−0.1350	19	0.0195
—	—	11	−0.1038	20	0.0208
水平井段长度 （m）	产油量相对 偏差	裂缝半长 （m）	产油量相对 偏差	裂缝导流能力 （D·cm）	产油量相对 偏差
500	−0.2231	60	−0.1753	10	−0.0425
600	−0.1822	70	−0.1441	15	−0.0353
700	−0.1457	80	−0.1130	20	−0.0271
800	−0.1101	90	−0.0839	25	−0.0195
900	−0.0784	100	−0.0600	30	−0.0107
1000	−0.0494	110	−0.0386	35	0
1100	−0.0210	120	−0.02082	40	0.0028
1200	−0.0189	130	−0.00872	45	0.0046
1300	−0.0157	140	0	50	0.0053
1400	−0.0135	150	0.0051	55	0.0055
1500	0	160	0.0090	—	—
1600	0.0032	—	—	—	—
1700	0.0049	—	—	—	—
1800	0.0055	—	—	—	—

2. 变异系数法

因为各个影响因素具有不同的量纲，这使得直观判断法的结果存在一定的偏差。为了消除由于参数量纲不同和平均值不同对判断结果造成的影响，利用变异系数法来进行评价判断。变异系数法的具体计算过程是先计算各个影响因素的变异系数，后通过各因素变异系数占总变异系数的比值得到各影响因素的权重，按照权重大小进行排序，排序结果即表示了不同影响因素对产能的影响作用：

$$C_v = \frac{S}{|\bar{y}|} \tag{5-42}$$

$$S = \sqrt{\frac{\sum_{i=1}^{n}(y_i - \bar{y})^2}{n}} \tag{5-43}$$

式中：C_v 为变异系数；S 为标准差；$\bar{y}$ 为算数平均值；y_i 为第 i 个数据值；n 为各因素的数据个数。

由表 5-7 可知：致密页岩油藏压裂水平井产能影响因素的影响程度从大到小顺序依次是裂缝条数、水平井段长度、裂缝半长、油层厚度、裂缝导流能力、油藏渗透率、启动压力梯度、应力敏感系数。

表 5-7　利用变异系数法得到的结果

因素	取值范围	变异系数	因素权重	因素次序
裂缝条数	4~20	0.1430	0.3832	1
水平段长度（m）	500~1800	0.0986	0.2643	2
裂缝半长（m）	60~160	0.0647	0.1733	3
油层厚度（m）	10~35	0.0205	0.0550	4
裂缝导流能力（D·cm）	10~55	0.0175	0.0470	5
油藏渗透率（mD）	0.02~0.06	0.0141	0.0378	6
启动压力梯度（MPa/m）	0~4	0.0096	0.0257	7
应力敏感系数（MPa^{-1}）	0~0.5	0.0051	0.0137	8

变异系数法消除了由平均值不同和参数量纲不同对变异程度比较造成的影响，得到的结果比直观判断法更准确。通过直观判断法和变异系数法的综合分析可知：影响致密页岩油藏压裂水平井产能最主要储层因素是油层厚度，最主要的裂缝参数是裂缝条数。

四、稳态产能方法的可靠性评价

1. 油藏已实施的压裂水平井产能分析评价

二叠系芦草沟组已经实施的 5 口压裂水平井的生产情况见表 5-8。按照 5 口井的工程参数，并结合项目提供的地质资料，通过 ECLIPSE 建立了机理模型获得的数模产量及应用本书建立的致密页岩油藏产能计算模型[式(5-41)]得到的产能结果见表5-9。

表 5-8 二叠系芦草沟组水平井生产情况

层位	"甜点"体	井号	水平段长度 （m）	平均日产量 （t）	累计产油量 （t）	累计产天数 （d）
$P_2l_2{}^2$	上"甜点"体	吉 172_H	1233	12.74	16094.9	1263
		JHW025	1200	40.2	2732.7	68
		JHW023	1200	12.7	203.9	16
$P_2l_1{}^2$	下"甜点"体	吉 251_H	1023	5.92	7572	1278
		吉 36_H	1201	7.66	7731	1009

表 5-9 不同方法得到的产能比较

井号	水平段长度 （m）	实际产能 （t/d）	数模得到产能 （t/d）	比值	公式计算产能 （t/d）	比值
吉 172_H	1233	12.74	21.40	1.68	16.94	1.34
JHW025	1200	40.2	63.52	1.58	43.42	1.08
JHW023	1200	12.7	20.32	1.60	16.51	1.30
吉 251_H	1023	5.92	9.77	1.65	7.72	1.30
吉 36_H	1201	7.66	13.25	1.73	10.13	1.32

通过对比分析发现：

（1）数值模拟法和产能计算公式的结果比较一致，但都偏乐观。数值模拟法产能结果与实际产能结果的比值为 1.58～1.73，公式计算的产能结果与实际产能比值为 1.08～1.34，主要原因有：①相关计算参数以及实际水平井的具体资料缺失；②模型没有考虑到地层存在非均质性。

（2）从每口井角度来看，JHW025 井、JHW023 井、吉 251_H 井的产能理论结果与实际结果相比误差较小，吉 172_H 井、吉 36_H 井的产能理论结果与实际结果相比误差较大，一方面可能是由于吉 172_H 井、吉 36_H 井所在区域的地质情况较差，造成产量很低，另一方面可能是由于压裂施工工艺与理论最优值不相符引起的。

（3）整体来看，公式计算产能误差更小，如果能引入一个可靠的校正系数，在未来的压裂水平井产能计算中应当首先考虑方便快捷的产能计算模型[式(5-41)]。

2. 产能模型的校正

二叠系芦草沟组实际油藏与理论推导的假设条件间的差异，是导致理论产能与实际产能不一致的主要因素。根据实际产能和理论产量（包括从工程概念上添加的理论与实际都为 0 的分析点）的相关性曲线（图 5-39）和实际产能、数模产量（包括从工程概念上添加的理论与实际都为 0 的分析点）的相关性曲线（图 5-40），可以获得适合于昌吉油田二叠系芦草沟组实际油藏压裂水平井产能分析的模型 ［式(5-44)］：

$$
\begin{cases}
p_e - p_i = \dfrac{1}{\alpha_{ki}}\ln\left[1 - e^{\frac{2\alpha_{ki}G_ib_i}{\pi}}\dfrac{\alpha_{ki}}{2\pi K_{0i}h}q_i\mu_oB_o\left(\xi_{ei} - \dfrac{2\alpha_{ki}G_ia_i}{\pi} + \dfrac{2\alpha_{ki}G_ix_{fi}}{\pi}\right)\right] + \dfrac{2G_ib_i}{\pi} \quad (i=1,2,\cdots,n) \\[3mm]
p_i = p_{imi} = p_{in} + \lg\left(\dfrac{\phi_{imi}}{\phi_{in}}\right)\dfrac{1}{C_f}\dfrac{x_{fi}(d_i - w_{fi}/2)}{y_{ei}x_{ei}} \quad (i=1,2,\cdots,n) \\[3mm]
p_{w1,1} - p_{wf} = \dfrac{f_1\rho_oq_1^2\Delta L_1}{4\pi^2r_w^2} \quad (i=1) \\[3mm]
p_{w1,j+1} - p_{w2,i} = \dfrac{f_i\rho_oq_{i+1}^2\Delta L_{i+1}}{4\pi^2r_w^2} \quad (i=1,2,\cdots,n-1) \\[3mm]
p_{w2,i} - p_{w1,i} = \dfrac{\rho_o}{r_w^4}(q_i^2 - q_{i+1}^2) \quad (i=1,2,\cdots,n-1) \\[3mm]
p_{w2,i} - p_{w1,i} = 0 \quad (i=n) \\[3mm]
p_{wxi} = \dfrac{p_{w1,i} + p_{w2,i}}{2} \\[3mm]
Q = w\displaystyle\sum_{i=1}^{n}\dfrac{A_i - B_i/2 - B_{i+1}/2}{A_i}q_i \quad (i=1,2,\cdots,n)
\end{cases}
\quad (5-44)
$$

式中：w 为校正系数，用理论计算结果时，$w=0.88$；用数模计算结果时，$w=0.6266$。

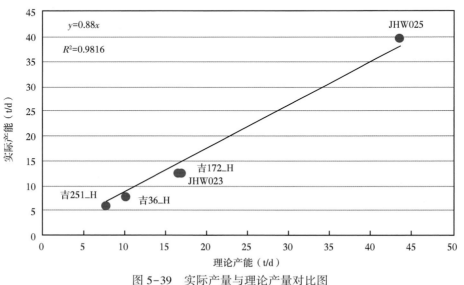

图 5-39　实际产量与理论产量对比图

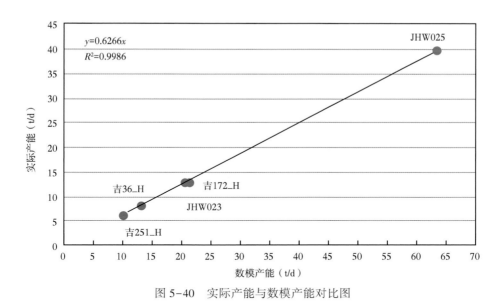

图 5-40　实际产能与数模产能对比图

五、基于产能需求下的压裂水平井组合参数优化图版研究

考虑到影响低(特低)渗透致密页岩油藏经济有效开发的因素多样性，本书建立了油藏经济有效开发综合判断数学模型：

$$
\begin{cases}
f(x) = f(q_o, Q_o) \\
q_o = q_o\left[\dfrac{Kh}{\mu_o}, A(L_s, L_f, n_f, w_f)\right] & (q_o \geq q_{omin}) \\
Q_o = Q_o\left[hA(L_s, L_f, n_f, w_f), (\phi S_{oi} E_R / B_{oi})\right] & (Q_o \geq Q_{omin})
\end{cases}
\tag{5-45}
$$

式中：$\dfrac{Kh}{\mu_o}$，$A(L_s, L_f, n_f, w_f)$ 为反映了满足产能需求的压裂水平井优化参数；$hA(L_s, L_f, n_f, w_f)$，$(\phi S_{oi} E_R / B_{oi})$ 为反映了满足平均单井累计产油量需求的压裂水平井优化参数；$\dfrac{Kh}{\mu_o}$ 为地层流动系数；$A(L_s, L_f, n_f, w_f)$ 为平均单井动用的面积，也是压裂水平井参数优化结果；L_s 为水平井段长度，根据储层参数和储层渗流特征进行优化；L_f 为压裂裂缝半长，根据储层参数和储层渗流特征进行优化；n_f 为压裂裂缝条数，根据储层参数和储层渗流特征进行优化；w_f 为压裂裂缝导流能力，根据储层参数和储层渗流特征进行优化；q_o、Q_o 为分别为压裂水平井最低产能需求和平均单井最低累计产油量。

根据建立的综合判断数学模型可知，所有满足产能和平均单井累计产油量需求的压裂水平井参数优化结果都与储层参数和储层渗流特征有关，因此，认清储层渗流特征及规律，既是正确开展相关研究工作的基础，也是确保研究结果可靠性的关键。

根据油藏经济有效开发综合判断数学模型[式(5-45)]，满足产能需求的压裂水平井优化参数$\frac{Kh}{\mu_o}$，$A(L_s, L_f, n_f, w_f)$ 包含了与油藏相关的参数$(\frac{Kh}{\mu_o})$和与开发技术政策相关的工程参数$A(L_s, L_f, n_f, w_f)$。对具体油藏而言，与油藏相关的参数$(\frac{Kh}{\mu_o})$是一定的，与开发技术政策相关的工程参数$A(L_s, L_f, n_f, w_f)$是可变的，因此，要获得组合参数优化图版，首先要确定$A(L_s, L_f, n_f, w_f)$的计算方法。

1. 开发技术政策参数群的计算方法

$A(L_s, L_f, n_f, w_f)$ 反映了水平井可用的面积，但又不仅仅是简单的面积计算，它的大小还与裂缝半长、裂缝条数（或裂缝间距）、裂缝导流能力有关，定义为：

$$A(L_s, L_f, n_f, w_f) = (L_s d)\alpha \tag{5-46}$$

式中：L_s为进入油层的水平井段长度；d为水平井排距；α为动用面积校正系数。

基于射孔完井方式，以及与油藏最优压裂技术参数下的产能进行比较，α计算公式如下：

$$\alpha = 1 + [0.25(w_f - w_{fi})/w_{fi} + 0.5(L_{di} - 0.5L_d)/L_{di} + 0.25(L_f - L_{fi})/L_{fi}] \tag{5-47}$$

式中：w_{fi}、w_f分别为压裂裂缝最优导流能力和压裂裂缝实际导流能力；L_{di}、L_d分别为最优压裂裂缝间距和实际压裂裂缝间距；L_{fi}、L_f分别为压裂裂缝最优半长和压裂裂缝实际半长。

对校正系数计算公式做一下两点分析：

（1）关于裂缝导流能力、裂缝半长和裂缝间距的权重系数。

根据影响产能的单因素分析结果，裂缝条数（即裂缝间距）对产能的影响大，尤其是在裂缝间距较大时，裂缝间距的作用更突出，而裂缝半长和裂缝导流能力对产能的影响基本为线性关系。

（2）关于L_d的0.5系数。

对式(5-47)，当裂缝导流能力为0，裂缝半长为0，裂缝间距不小于2倍最优间距后，校正系数$\alpha=0$，计算的$A(L_s, L_f, n_f, w_f)=0$，但因压裂缝很少，其产能与直井产能相当（很低），从这个角度分析，上述公式有一定道理。

2. 满足产能需求的压裂水平井组合参数优化图版研究

由于影响压裂水平井产能的因素很多，为了建立压裂水平井产能与组合参数的关系图版，本书是基于昌吉油田芦草沟组二叠系储层的平均储层物性和流体物性，在固定压裂半缝长130m、水平井排距400m条件下，利用ECLIPSE数值模拟软件，通过计算不同水平段长度、裂缝导流能力、裂缝间距下的压裂水平井产能和组合参数值，以此探索建立起适合于昌吉油田二叠系芦草沟组的产能预测图版。设计的数模方案和数模计算结果如图5-41所示，彩色标注点就是实际井的产能预测值，与实际产能计算结果比较，该图版可用于昌吉油田二叠系芦草沟组储层以及类似油藏产能预测。

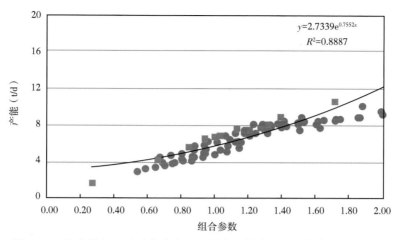

图 5-41　吉木萨尔二叠系芦草沟组压裂水平井产能与组合参数关系曲线

第六章 吉木萨尔页岩油数值模拟方法及应用

结合吉木萨尔页岩油藏压裂水平井油藏动态分析，采用油藏数值模拟手段优化了页岩油藏多段压裂水平井衰竭式开发的各项参数，以"经济有效、资源充分动用、技术持续进步"的思想为指导，以 58 平台为例评价了前置 CO_2 压裂优化模式。

第一节 压裂水平井衰竭式开发机理数值模拟研究

一、地质机理模型建立

1. 机理模型的数据准备

根据吉木萨尔凹陷芦草沟组的实际地质情况，设置平面上 3000m×1000m 的机理模型，机理模型渗透率取值 0.01mD，孔隙度 10%，油藏顶面深度 3000m，油水界面深度为 4000m，压力系数 1.27，其他参数设置见表 6-1。

表 6-1 机理模型网格参数

参数	数值	参数	数值
网格数	60×20×3	顶面深度（m）	3000
网格大小（m×m×m）	50×50×20	油水界面（m）	4000
压裂裂缝导流能力（D·cm）	30	原始地层压力（MPa）	38
裂缝缝高（m）	35.2		

根据吉木萨尔凹陷芦草沟组储层 PVT 与岩石压缩实验结果，设置机理模型 PVT 参数见表 6-2。

表 6-2 机理模型 PVT 参数

参数	数值	参数	数值
泡点压力（MPa）	3.9	原油黏度（mPa·s）	10.58
原油体积系数	1.060	原油密度（g/cm³）	0.88
原油压缩系数（MPa^{-1}）	10.43×10^{-4}	溶解气油比	21

应用芦草沟组储层的岩心相对渗透率资料进行相渗曲线归一化，得到归一化相渗曲线，如图 6-1 所示，机理模型采用归一化后的相渗曲线，其中 K_{ro}、K_{rw} 分别为油相、水相相对渗透率。

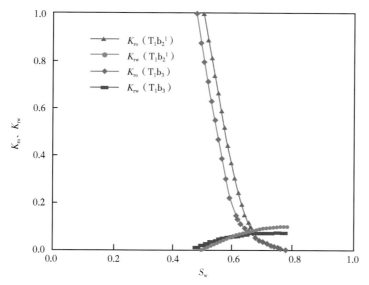

图 6-1　机理模型所采用的归一化相渗曲线

2. 压裂水平井的处理方法

1）启动压力梯度的处理

由于在 ECLIPSE 数模软件中，低渗透储层没有考虑启动压力梯度对开发效果的影响，所以常采用"门限压力"（THPRES）代替启动压力梯度，结合前期启动压力梯度实验研究，在 ECLIPSE 软件中设置平衡分区。每个网格被分为一个区，将这个编号的网格区域作为一个平衡分区。模型中的门限压力值为启动压力梯度乘以各网格的长度，应用 VBA 进行编程，计算出不同网格之间的门限压力值，赋值给每个网格。例如启动压力梯度是 0.03MPa／m，模拟的网格大小 50m，那么两个网格之间的"门限压力"设置则应该为 1.5MPa。

2）压裂裂缝的处理

压裂裂缝在数值模拟中的模拟常用的有两种方式：一是采用非结构化网格；二是利用局部井网加密结合等效渗流能力进行模拟。但是上述方法都不能实现启动压力梯度的赋值，所以本书将裂缝处理成普通网格，将裂缝所在网格的 X 方向长度设为 1m，Y 方向的长度不变，裂缝所在网格的渗透率根据等效渗流原理赋值为 30mD。

二、压裂水平井单井正交优化研究

1. 水平井方位优化

在油气田开发过程中，由于压裂裂缝总是垂直于地层最小主应力方向，所以在水平井进行压裂的过程中，压裂裂缝方位与水平井井筒存在一定的夹角，有必要进行裂缝与井筒夹角优化。本书裂缝角度优化方案模拟采用的是 PEBI 网格，机理模型中选择建立一层裂缝模型。为了评价裂缝与水平段夹角的影响，设计了压裂裂缝与水平段井筒间夹角分别为 30°、45°、60°和 90°的四个方案，裂缝宽度为 3mm，根据等效渗流理论模型中裂缝渗透率设为30mD。单井的年累计产量见表6-3。

表6-3 不同裂缝角度的水平井单井累计产量

裂缝与井筒夹角（°）	30	45	60	90
水平井单井累计产量（m³）	3563.62	3995.14	4217.03	4565.07

由表6-3和图6-2可以看出：随着压裂裂缝与水平段之间的夹角增加，水平井单井累计产量呈增加趋势，即压裂裂缝与井筒成90°时，水平井单井累计产量最高。因此，在进行压裂裂缝设计时，应选择压裂裂缝垂直于水平井井筒。

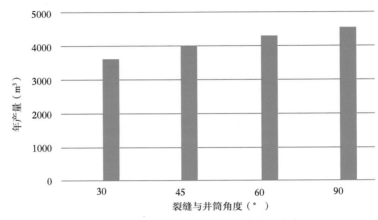

图6-2 不同裂缝角度的水平井单井累计产量

2. 优化模拟方案正交设计及实验结果分析

正交优化试验设计是一种研究多因素多水平的设计方法，通过实验结果直观分析确定最优试验参数组合。本书正交实验的机理模型取水平段长度为1400m，1500m，…，1800m；裂缝间距为50m，100m，…，250m；裂缝导流能力为20D·cm，25D·cm，…，40D·cm；裂缝半长为50m，100m，…，250m。正交优化的各因素及取值（水平）见表6-4。

表6-4 正交试验各参数的水平值表

因素	水平井长度（m）	裂缝导流能力（D·cm）	裂缝间距（m）	裂缝半长（m）
水平1	1400	20	50	50
水平2	1500	25	100	100
水平3	1600	30	150	150
水平4	1700	35	200	200
水平5	1800	40	250	250

根据表6-4，实验采用$L_{25}(5^6)$正交表，共25种实验方案，设计的25种实验方案各因素取值以及各方案实验结果见表6-5。按照上述各方案完成机理模型的设计，并对实验结果进行直观分析，完成压裂水平井单井优选。

表6-5　本次实验混合正交表及实验效果

因素	方案1	方案2	方案3	方案4	方案5
水平井长度 $L(m)$	1400	1400	1400	1400	1400
裂缝导流能力 $C(D\cdot cm)$	20	25	30	35	40
裂缝间距 $J(m)$	50	100	150	200	250
裂缝半长 $B(m)$	50	100	150	200	250
采出程度(%)	6.04	7.54	6.74	6.27	6.77
因素	方案6	方案7	方案8	方案9	方案10
水平井长度 $L(m)$	1500	1500	1500	1500	1500
裂缝导流能力 $C(D\cdot cm)$	50	100	150	200	250
裂缝间距 $J(m)$	100	150	200	250	50
裂缝半长 $B(m)$	150	200	250	50	100
采出程度(%)	6.95	6.63	7.62	3.93	5.85
因素	方案11	方案12	方案13	方案14	方案15
水平井长度 $L(m)$	1600	1600	1600	1600	1600
裂缝导流能力 $C(D\cdot cm)$	50	100	150	200	250
裂缝间距 $J(m)$	150	200	250	50	100
裂缝半长 $B(m)$	250	50	100	150	200
采出程度(%)	7.16	5.63	6.37	7.45	8.03
因素	方案16	方案17	方案18	方案19	方案20
水平井长度 $L(m)$	1700	1700	1700	1700	1700
裂缝导流能力 $C(D\cdot cm)$	50	100	150	200	250
裂缝间距 $J(m)$	200	250	50	100	150
裂缝半长 $B(m)$	100	150	200	250	50
采出程度(%)	6.87	6.77	10.33	9.67	6.49
因素	方案21	方案22	方案23	方案24	方案25
水平井长度 $L(m)$	1800	1800	1800	1800	1800
裂缝导流能力 $C(D\cdot cm)$	50	100	150	200	250
裂缝间距 $J(m)$	250	50	100	150	200
裂缝半长 $B(m)$	200	250	50	100	150
采出程度(%)	8.15	11.67	7.37	5.65	5.61

从表6-6可以看出，各参数的级差从大到小的顺序分别是：$R(B)>R(J)>R(L)>R(C)$，裂缝半长的级差最大，裂缝间距级差其次，水平段长度级差第三，裂缝导流能力级差最小。由此可说明裂缝半长是影响压裂水平井产能的主要因素，裂缝间距是影响压裂水平井产能的次要因素。各因素顺序为裂缝半长、裂缝间距、水平段长度、裂缝导流能力。各因素的级差分析结果得到最优水平值分别为：裂缝半长250m、裂缝间距50m、水平段

长度 1800m、裂缝导流能力 250D·cm。就裂缝而言，由正交实验优化出的结果显示裂缝间距越短，裂缝半长越长，裂缝导流能力越大，压裂水平井采出程度就越高。但是考虑到致密页岩油田水平井压裂成本较高，裂缝间距的减少及裂缝半长的增加都势必会导致开发成本的增加，而且正交优化模型趋于理想化，模拟方案中参数的选取值有限，因此有必要对裂缝间距及裂缝半长进行进一步的优化。

表 6-6　实验方案直观分析表

K_1	K_2	K_3	K_4	K_5	R	因子主次	较优水平
6.671	6.197	6.927	8.024	7.968	1.827	3	1800
6.592	7.963	6.716	7.288	7.651	1.371	4	250
8.267	8.191	6.532	6.401	6.396	1.871	2	50
6.171	6.456	6.701	7.883	8.576	2.405	1	250

三、满足衰竭开发效果的油藏下限图版研究

致密页岩油气田开发是一项高投入、高风险的投资活动，对于油田的开发效益受地理条件、地质条件、油气性质、油气价格、开发工艺水平及国家税收政策等诸多因素影响。从技术经济角度讲，内部收益率是反映油田开发项目获利能力的动态评价指标，它考虑了资金的时间价值，具有很强的实用性，因此本书将以内部收益率为基准来研究不同储量品质条件在不同油价下的有效开发下限。由于致密页岩油气藏开发存在诸多开发方式，不同的开发方式对应不同的成本投入，不同的成本投入得到的油田内部收益率就会有差异；一个实际油田的地质及开发条件也大相径庭。在研究多因素制约条件下的致密（低流度）油田衰竭式开发有效开发油藏界限时，应考虑不同成本投入的情况。

通过数值模拟得到吉木萨尔凹陷上"甜点"体不同综合参数下的累计产量，根据数值模拟结果，计算不同内部收益率（FIRR）条件下的综合系数下限值，见表 6-7。

表 6-7　不同内部收益率时各油价下的综合系数下限值

内部收益率，FIRR = 0%		内部收益率，FIRR = 8%		内部收益率，FIRR = 12%	
油价（美元）	$Kh/(\mu_o A)$ mD·m/(mPa·s·m²)	油价（美元）	$Kh/(\mu_o A)$ mD·m/(mPa·s·m²)	油价（美元/bbl）	$Kh/(\mu_o A)$ mD·m/(mPa·s·m²)
50	0.045	50	0.047966	50	0.054002
60	0.029976	60	0.035971	60	0.043367
70	0.025748	70	0.032746	70	0.039744
80	0.023981	80	0.029998	80	0.036732
90	0.022468	90	0.026245	90	0.034583
100	0.020375	100	0.024093	100	0.031798
110	0.019577	110	0.022237	110	0.02828
120	0.019324	120	0.020468	120	0.025619
130	0.018793	130	0.019884	130	0.023703

注：油井综合系数 $Kh/(\mu_o A)$ 表示单位面积的流动系数，反映不同储量品质条件有效开发下限。

由表6-7和图6-3获得的研究结果可以看出：

（1）在同一油价下内部收益率随油井综合系数增加而增加。

（2）随油价升高，实现内部收益率为0时的油井综合系数下限值下降，即低油价下要实现企业内部收益率时，对油井综合系数要求较高；而在高油价下，油井综合系数较小的情况下就容易满足企业内部收益率的基本要求。

（3）油价为50美元/bbl下，大部分井可保本盈利（15口典型实际井中，除JHW005井、JHW007井、JHW016井外，均可实现保本盈利）。

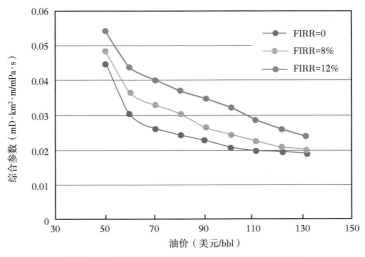

图6-3　地层综合系数下限值与油价关系图

四、储层非均质性对开发界限的影响

地层非均质性对油藏开发的影响是客观存在的，考虑不同渗透率组合条件下，在最优水平井长度和压裂条数与压裂规模上，进行大量数值模拟运算后，可建立储层非均质性对开发界限的影响程度。

1. 储层平面非均质性对开发界限的影响

1）层内纵向渗透率非均质性（变异系数）的影响

设计了9种组合模式来研究层内纵向渗透率非均质性对开发界限的影响。层内纵向渗透率变异系数对内部收益率的校正系数分析结果如表6-8、图6-4所示。（1）变异系数δ

表6-8　垂直水平井方向不同渗透率变异系数下储层渗透率分布与内部收益率

变异系数δ	渗透率（mD）			内部收益率
	K_1	K_2	K_3	
0	0.0115	0.0115	0.0115	0.2813
0.087070	0.0105	0.0115	0.0125	0.2795
0.174139	0.0095	0.0115	0.0135	0.2777
0.261209	0.0085	0.0115	0.0145	0.2732

159

变异系数 δ	渗透率（mD）			内部收益率
	K_1	K_2	K_3	
0.348278	0.0075	0.0115	0.0155	0.2669
0.435348	0.0065	0.0115	0.0165	0.2432
0.522417	0.0055	0.0115	0.0175	0.0838
0.762895	0.0055	0.0105	0.0185	0.0561
1.098795	0.0055	0.0095	0.0190	0.0403

低于 0.5 时，校正系数接近 1，与完全均质的理想油藏基本一致；（2）变异系数为 0.5~0.8 时，内部收益率校正系数值大幅降低至 0.2，反映了高渗小层对开发影响突出；（3）变异系数超过 1 后，内部收益率校正系数降低至 0.15。

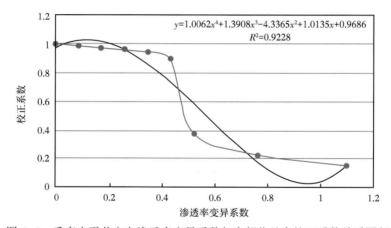

$$y=1.0062x^4+1.3908x^3-4.3365x^2+1.0135x+0.9686$$
$$R^2=0.9228$$

图 6-4 垂直水平井方向渗透率变异系数与内部收益率校正系数关系图版

2）层内水平方向渗透率非均质性（变异系数）的影响

设计了 5 种组合模式来研究层内水平方向渗透率非均质性对开发界限的影响，分析结果见表 6-9。（1）当渗透率变异系数为 0 时，内部收益率校正系数为 1，为理想均质状态；（2）随着渗透率变异系数的增大，内部收益率校正系数逐渐变小，且减小幅度逐渐变大；

表 6-9 平行水平井方向不同渗透率变异系数下储层渗透率分布与内部收益率

变异系数	渗透率（mD）			内部收益率
	K_1	K_2	K_3	
0	0.0115	0.0115	0.0115	0.2813
0.125778	0.0105	0.0115	0.0125	0.2736
0.251557	0.0095	0.0115	0.0135	0.2426
0.377335	0.0085	0.0115	0.0145	0.1779
0.503112	0.0075	0.0115	0.0155	0.0347

①当变异系数低于 0.2 时，校正系数接近 1，与完全均质的理想油藏基本一致；②当变异系数为 0.2~0.5 时，内部收益率校正系数值大幅降低至 0.15，反映了高渗透带（河流相储层）对开发影响突出，如何避免或利用高渗透带的作用，成为有效开发油藏的关键。

2. 储层纵向层间非均质性对开发界限的影响

设计了 15 种组合模式来研究层内水平方向渗透率非均质性对开发界限的影响。其分析结果见表 6-10。当变异系数低于 0.9 时，校正系数接近 1，与完全均质的理想油藏基本一致；当变异系数大于 0.9 后，内部收益率校正系数值快速降低至 0.75，反映了高渗透层对开发影响比较突出，但与层内纵向非均质性的影响比较，层间非均质性的影响程度相对较弱，原因是可以通过开发层系调整或采用分层注气开发模式来避免高渗层气窜作用。

表 6-10　不同渗透率变异系数下纵向多层储层渗透率分布与内部收益率

变异系数	渗透率（mD）			内部收益率
	K_1	K_2	K_3	
0	0.0155	0.0155	0.0155	0.3081
0.1	0.0142	0.0155	0.0168	0.2881
0.2	0.0130	0.0155	0.0181	0.2888
0.3	0.0117	0.0155	0.0194	0.2892
0.4	0.0104	0.0155	0.0207	0.2891
0.5	0.0090	0.0155	0.0220	0.2887
0.6	0.0078	0.0155	0.0232	0.2896
0.7	0.0065	0.0155	0.0245	0.2902
0.8	0.0052	0.0155	0.0258	0.2879
0.9	0.0054	0.0130	0.0281	0.2709
1.0	0.0051	0.0115	0.0299	0.2689
1.1	0.0090	0.0058	0.0317	0.2579
1.2	0.0080	0.0053	0.0333	0.2575
1.3	0.0052	0.0065	0.0348	0.2401
1.4	0.0050	0.0052	0.0363	0.2330

第二节　压裂水平井压裂参数数值模拟研究

一、水平井地质工程一体化模拟

根据前期地质模型，采用实际泵注程序，开展 J10043_H 井压裂缝网模拟及历史拟合，修正地质模型，为后期压裂参数优化提供准确的地质模型，并论证不同物性条件下的簇间距、不同砂量（支撑体积）条件下的簇间距及不同物性及簇间距条件下 CO_2 前置压裂的优势。

1. 压裂模拟

采用实际泵注层序，开展压裂模拟，模拟结果表明，缝长主要为 236.1m，裂缝平均导流能力 853mD·m；主要改造 $P_2l_1^{2-2}$ 层（表 6-11）。

表 6-11　J10043_H 模拟缝网参数统计表

井号	裂缝长度（m）	裂缝最大高度（m）	平均裂缝高度（m）	支撑剂裂缝长度（m）	平均支撑裂缝高度（m）	平均导流能力（mD·m）
J10043_H	236.1	42.3	25.3	222.3	13.4	853

2. 历史拟合

对 J10043_H 井生产动态进行历史拟合，拟合前 3 年累计产油 21564t（实际累计产油 22334.39t），误差 3.44%，拟合精度高，说明模型较为准确，可以用于开发效果平均分析和压裂参数优化。

3. 压力场变化规律

根据历史拟合结果，得到压力场变化较为明显，如图 6-5 所示，初期第 1 个月，主要为压裂液返排阶段，地层压力较高，远高于原始地层压力；第 6 个月时，地层压力与原始地层压力相当，油井含水快速下降阶段；投产 1 年时，井筒及缝网附近压力明显降低，油井生产区域稳定，地层压力降低较小；截至 2021 年 3 月 11 日，井筒里及裂缝内，地层压力明显降低，但由于 CO_2 波及体积较大，基质地层压力仍高于原始地层压力，油井生产供液仍然较为充足。总体来说，模拟地层压力能较好反映油井生产变化规律，进一步说明模型可靠。

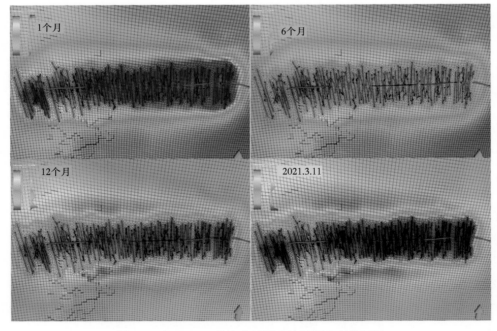

图 6-5　J10043_H 井生产过程中地层压力变化场图

二、段间距优化

1. 压裂模拟

压裂过程中，由于储层物性非均质性、岩性非均质性、力学性质的非均质性等因素影响，导致段间距越大，单段出现长缝的概率越高，改造越不充分。选取 JHW05813 井，采用实际压裂设计方案，同时采用 J10043_H 井的压裂模拟参数设置，分别设计段间距 30m、45m、60m、75m、90m，簇间距 15m，平均单簇液量 408.5m³，开展压裂模拟。模拟参数参考实际压裂设计，如图 6-6 所示，由于非均质性影响，当随段间距增加，出现长缝的概率越大。

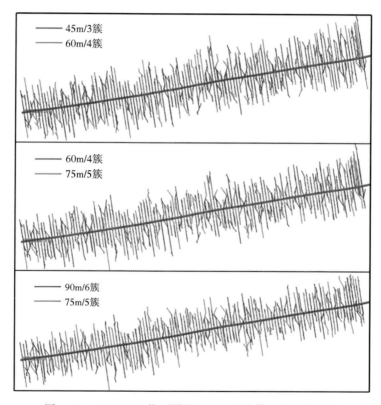

图 6-6　JHW05813 井不同段间距压裂缝模拟结果俯视图

如图 6-7 所示，不同段间距裂缝改造体积存在差异，当段间距大于 90m 后，裂缝改造体积明显降低。

2. 压裂后压力变化特征

数值模拟表明，由于非均质性影响，压裂后地层压力平面分布不均匀，油层物性越好（图 6-8、图 6-9），压裂后地层压力越高（图 6-10）。

物性越好区域压裂后增能效果越好，主要原因为物性较差，支撑剂面积变小，裂缝渗透性变差，压裂液向地层中扩散能力变低，如图 6-11 所示。

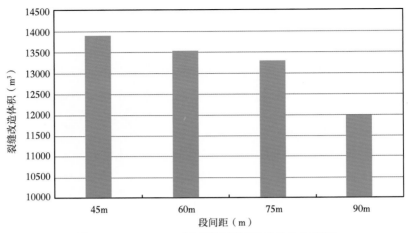

图 6-7　JHW05813 井不同段间距裂缝改造体积图

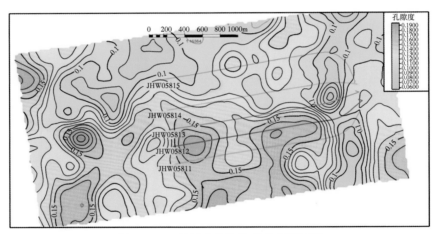

图 6-8　58 号平台井孔隙度分布平面图

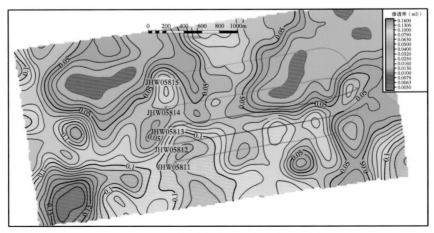

图 6-9　58 号平台井渗透率分布平面图

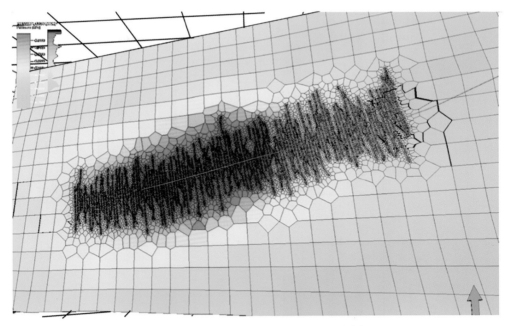

图 6-10　JHW05813 井压裂后地层压力分布场图

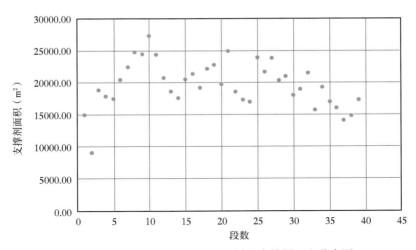

图 6-11　JHW05813 井压裂后不同段支撑剂面积分布图

3. 段间距优化

单井注入量相同情况下（不注入 CO_2），根据数值模拟表明，段间距越小，裂缝改造体积越大，累计产油量越高。当段间距大于 45m 后，累计产油量和裂缝改造体积明显降低，同时，当段间距小于 45m 后，累计产油量和裂缝改造体积仍然呈上升趋势，但增幅明显减小。因此，推荐下"甜点"段间距为 45m，如图 6-12 所示。

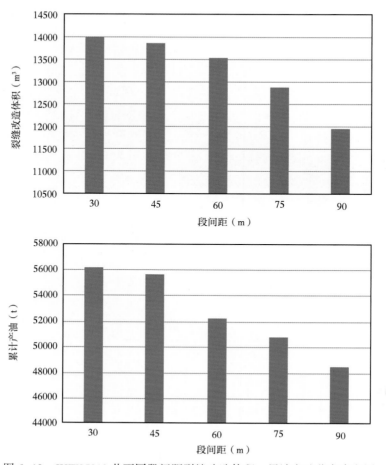

图 6-12　JHW05813 井不同段间距裂缝改造体积、累计产油分布直方图

三、不同物性簇间距优化

1. 不同物性簇间距变化规律

前述研究表明，影响油藏开发效果主要因素之一是储层渗透率。通过数值模拟进一步表明，物性越差，差储层动用状况越低。因此，为分析储层物性对开发效果的影响，分别模拟基质渗透率 0.01mD、0.1mD，对比其开发效果，结果表明，当基质渗透率为 0.01mD 时，油层动用缓慢，油层动用不均，如图 6-13 所示；当基质渗透率为 0.1mD 时，油层动用较为均匀，说明随渗透率的增加，储层水力缝不在起泄流的决定作用，而储层本身的泄流能力占主导，如图 6-14 所示。

利用数值模拟对产量进行预测，结果表明：相同裂缝参数条件下，基质渗透率对油井产能影响大，如图 6-15 所示。基质渗透率 0.01mD，水平段长 150m，3 条人工缝时，4 年累计产气 673m³；基质渗透率 0.1mD，水平段长 150m，3 条人工缝时，4 年累计产气 2213m³。

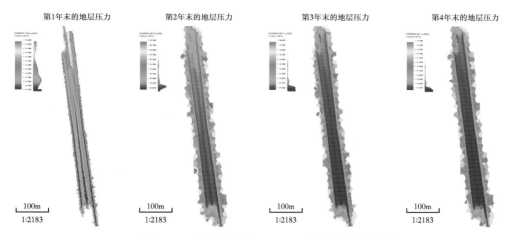

图 6-13 储层渗透率 0.01mD 时地层压力变化图

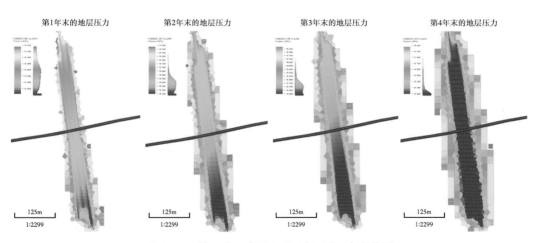

图 6-14 储层渗透率 0.1mD 时地层压力变化图

通过对 JHW044 井、JHW045 井压力场和饱和度场进一步分析表明，受非均质性的影响，各段间动用程度不均匀，物性越好的区域，储层动用越充分，如图 6-16、图 6-17 所示。

为进一步明确非均质性影响，设计单井钻遇 0.01mD、0.1mD 两类储层，分别设计 0.1mD、3 簇，0.01mD、3 簇与 0.1mD、3 簇，0.01mD、5 簇。对比结果表明，物性越差，减小簇间距可以在一定程度上降低储层非均质性的影响，提高差储层有效动用，即当 0.01mD 储层簇数由 3 簇变为 5 簇时，层间干扰明显减小，油层动用得到明显改善，油层动用更充分，如图 6-18、图 6-19 所示。因此，压裂设计时，需根据油层物性参数，分段设计簇数，提高油层动用，有效改善油井开发效果。

2. 不同物性簇间距优化

设计 5m、10m、15m 三种簇间距，模拟物性为 0.01mD、0.03mD、0.06mD、0.1mD，模拟结果表明：随储层物性变化，不同簇间距增油存在差异，物性越好，簇间距影响越

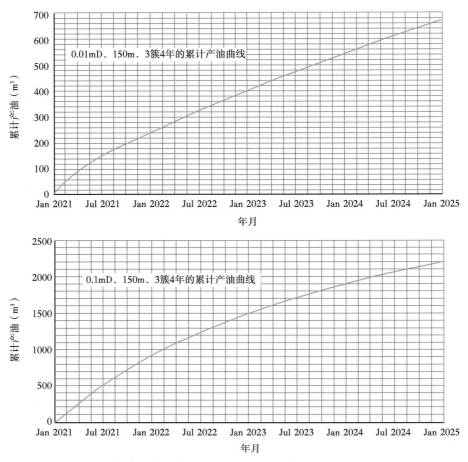

图 6-15　储层渗透率 0.01mD、0.1mD 时平均单段产量预测图

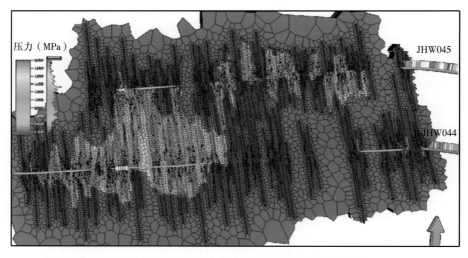

图 6-16　JHW044 井—JHW045 井历史拟合后地层压力变化图（2021.3.8）

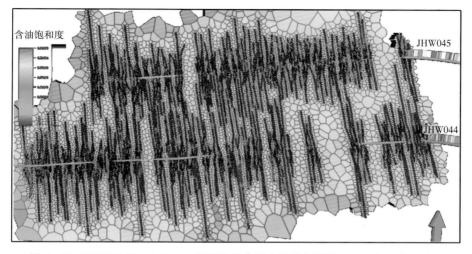

图 6-17 JHW044 井—JHW045 井历史拟合后含油饱和度图（2021 年 3 月 8 日）

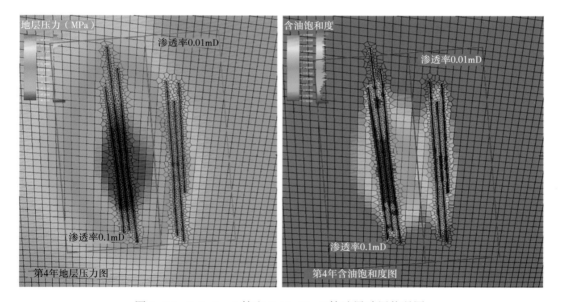

图 6-18 0.1mD、3 簇和 0.01mD、3 簇油层动用状况图

小，减小簇间距增油倍数越小。当渗透率为 0.01mD 时，簇间距可缩小至 5m；当为渗透率 0.03mD、0.06mD 时，推荐簇间距 10m；当渗透率大于 0.1mD 时，推荐簇间距 15m，如图 6-20 所示。

四、不同物性簇压裂液量优化

选取每段 5 簇，簇间距 9m，优化液量，当渗透率为 0.01mD 时，加大液量对增油量贡献不大（地层滤失性低），当渗透率为 0.06mD 时，增大液量，油量增加，当液量大于 1800m³ 后，增油量幅度减小。压裂时，建议根据不同储层物性，合理使用压裂液量。

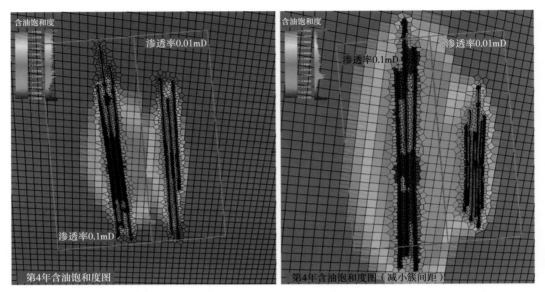

图 6-19　0.1mD、3 簇和 0.01mD、5 簇油层动用状况图

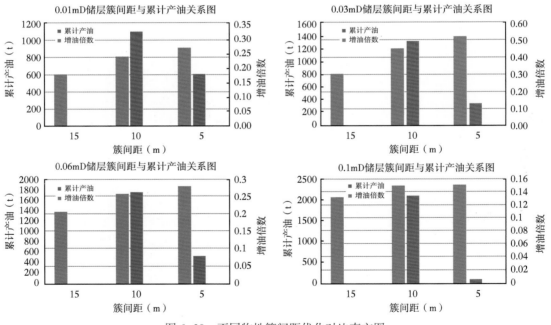

图 6-20　不同物性簇间距优化对比直方图

五、不同物性支撑剂优化

研究表明，传导率为影响产油量主要因素之一，如图 6-21 所示；而传导率与支撑裂缝体积呈幂函数关系，如图 6-22 所示。支撑缝体积受加砂量影响明显，因此需要根据不

同储层物性，优化砂量，有效改造储层，如图 6-23 所示。

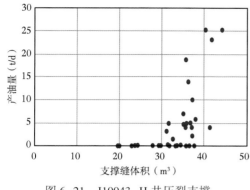

图 6-21　J10043_H 井压裂支撑
缝体积与产油量关系图

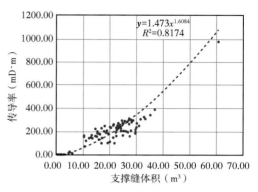

图 6-22　J10043_H 井压裂支撑
缝体积与裂缝传导率关系图

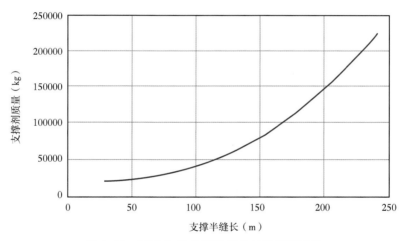

图 6-23　J10043_H 井裂缝半长与支撑剂质量

　　设置渗透率 0.03mD，段间距 45m，簇间距 15m，液量 1400m³。数值模拟表明：压力场和饱和度场在不同支撑剂条件下，存在明显差异，当支撑剂为 20m³/簇时，油层动用状况较差，当支撑剂为 33m³/簇时，油层动用状况明显变好，如图 6-24 所示。因此，当加砂量增加时，支撑剂面积增大，高导裂缝体积增加，油层动用储量变大。

　　分别模拟物性为 0.01mD、0.03mD、0.06mD、0.1mD，模拟结果表明：在不同物性储层中，不同加砂量、增油量存在差异，物性越好，加砂量影响逐渐变小，说明随物性增加，基质影响占主导因素。因此，压裂时，物性较差储层可适当加大砂量，物性较好的储层，加砂量可适当减少。即当储层渗透率为 0.01mD 时，加砂量可为 33m³/簇；当储层渗透率为 0.03mD、0.06mD 时，加砂量可为 30m³/簇；当储层为 0.1mD 时，加砂量可为 27m³/簇，如图 6-25 所示。

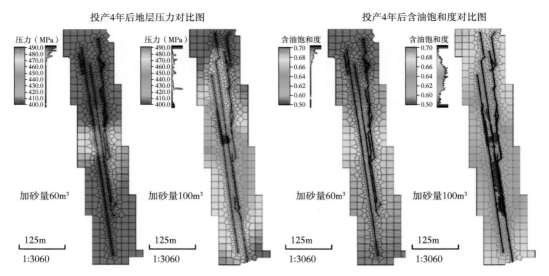

图 6-24　J10043_H 井不同加砂量条件下储层动用场图

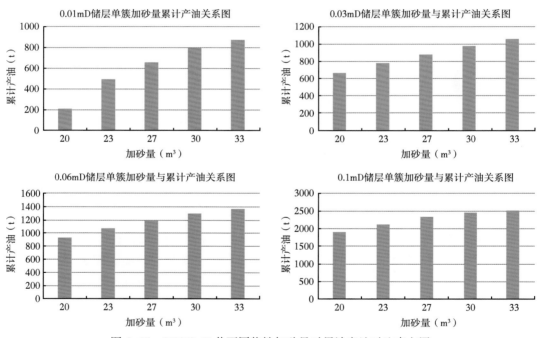

图 6-25　J10043_H 井不同物性加砂量时累计产油对比直方图

六、前置 CO_2 压裂优化

CO_2 气体膨胀实验表明，吉木萨尔页岩油降黏及增能效果明显。采用油藏数值模拟方法，结合压裂模拟结果，采用 CO_2 前置压裂比不采用 CO_2（等量 CO_2 的液体）增能效果明显，J10043_H 井目的层 $P_2l_1^{2-2}$ 孔隙体积增加达到 0. 32 倍，效果较好，如图 6-26、图 6-

27 所示。根据吉 37 井 PVT 数据，计算 J10043_H 井地层原油黏度 13.996mPa·s，如图 6-28 所示，前置压裂注入 200t 二氧化碳，数值模拟表明，如图 6-29 所示，由于 CO_2 注入量较少，原油黏度变化较小，变化大于 0.05mPa·s 的孔隙体积均较少，说明注入量前置压裂 CO_2 降黏作用有限(排除压力升高对黏度影响)。

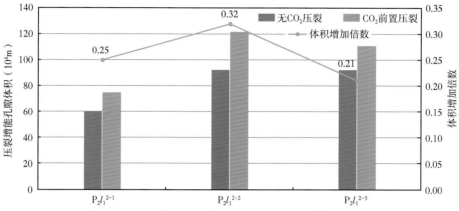

图 6-26 CO_2 前置压裂与常规压裂增能孔隙体积对比图

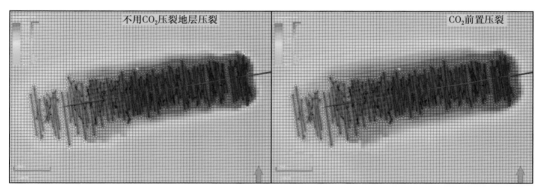

图 6-27 CO_2 前置压裂与常规压裂压后地层压力对比图

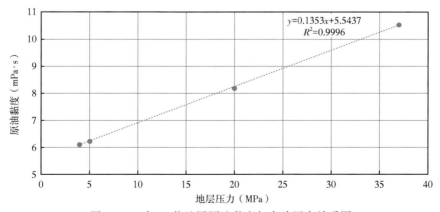

图 6-28 吉 37 井地层原油黏度与实验压力关系图

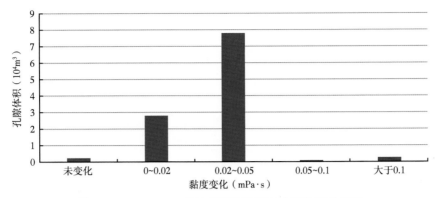

图 6-29 J10043_H 井地层原油黏度与孔隙体积关系图

J10043_H 井 CO_2 前置压裂数值模拟表明，CO_2 前置压裂后界面张力减小 0.1~0.5 倍的孔隙体积占主体，而大于 0.5 倍界面张力的孔隙体积较少，如图 6-30 所示。但压裂后地层压力升高 13.5MPa（CO_2 为 200t，液量 1400m³），如图 6-31 所示。根据 JHW01711 井界面张力实验数据，如图 6-32 所示，综合分析初步认为，界面张力减小主要原因为地层压力升高影响，CO_2 影响较小。

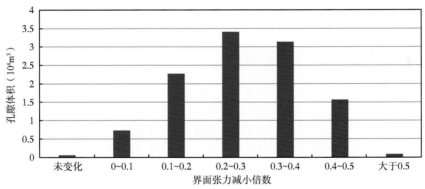

图 6-30 界面张力减小倍数与孔隙体积关系图

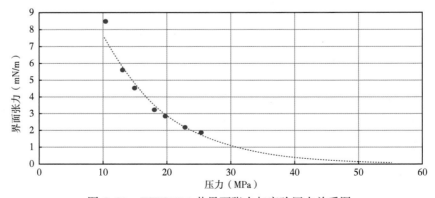

图 6-31 JHW01711 井界面张力与实验压力关系图

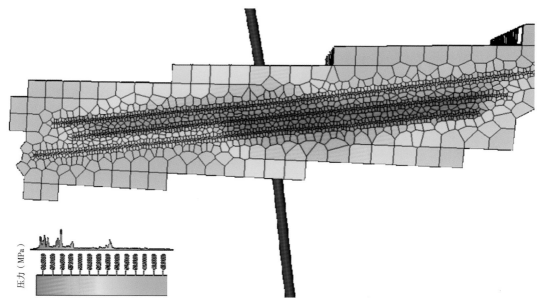

图 6-32 吉木萨尔芦草沟组前置 CO_2 压裂后地层压力分布图

数值模拟表明：CO_2 前置压裂预测 15 年累计产油 $8.53×10^4$t，不用 CO_2 前置压裂预测 15 年累计产油 $6.91×10^4$t，预测增加累计产油 $1.62×10^4$t，效果较好，如图 6-33 所示。

综上表明，CO_2 前置压裂初步认为是增能为主。CO_2 前置压裂时，CO_2 量越大，累计产油量越高，如图 6-34 所示；无 CO_2 压裂时，压裂段压裂液用量越大，累计产油量越高，见图 6-35。

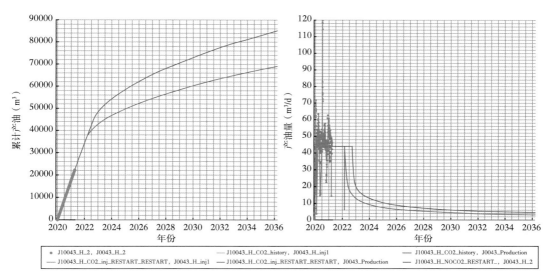

图 6-33 J10043_H 井 CO_2 前置压裂与不用 CO_2 前置压裂产能预测图

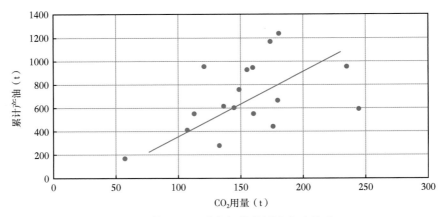

图 6-34　J10043_H 井 CO$_2$ 压裂段与单段累计产油关系（2021.3.12）

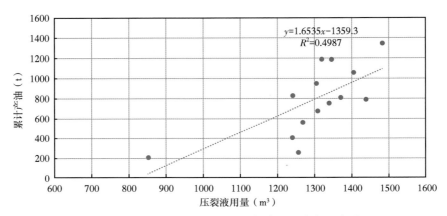

图 6-35　J10043_H 井不用 CO$_2$ 前置压裂时与单段累计产油关系（2021.3.12）

1. 簇间距优化

采用单段前置 CO$_2$ 量 200t、液量 1400m^3，数值模拟表明：CO$_2$ 前置压裂对比不用 CO$_2$ 前置压裂，预测 15 年平均单段增油效果明显（除渗透率小于 0.01mD）；当渗透率大于 0.03mD 后，较大的簇间距可达到无 CO$_2$ 多簇压裂的开发效果；从经济角度考虑，CO$_2$ 前置压裂可以一定程度减小簇间距，如图 6-36 所示。减小簇间距，不同物性累计产油量增加；不同物性簇间距影响存在差异：物性越好，簇间距影响越小，如图 6-37 所示。

2. 前置 CO$_2$ 量优化

不同物性条件下，采用 1400m^3 液量与 200t 超临界 CO$_2$ 前置压裂时，数值模拟表明：不同类型储层 CO$_2$ 前置压裂效果明显好于加大压裂液用量效果，如图 6-38、图 6-39 所示，因此，建议在压裂时，前置适量的 CO$_2$ 有利于提高油井产量（当渗透率为 0.01mD 时，CO$_2$ 增油量效果不明显）。

采用压裂液量 1400m^3，簇间距 10m 前置 CO$_2$ 压裂时，数值模拟结果表明：当渗透率

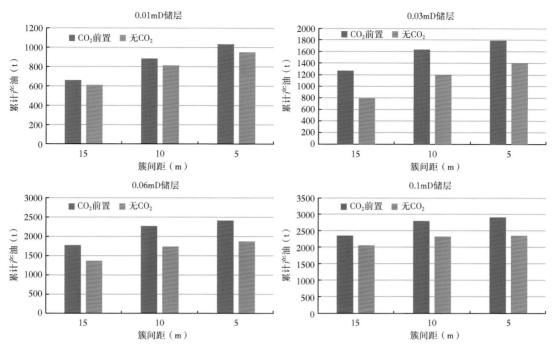

图 6-36　不同物性 CO_2 前置压裂与不用 CO_2 前置压裂时效果对比图

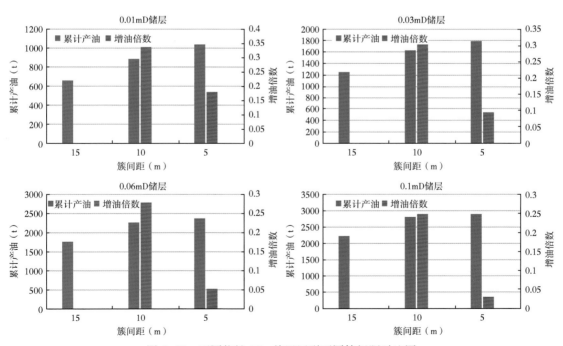

图 6-37　不同物性 CO_2 前置压裂不同簇间距对比图

为 0.01mD 时，前置 CO_2 量加大时，增油效果不明显；当渗透率为 0.03mD 时，CO_2 量大于 200t 后，增油效果变差；当渗透率大于 0.06mD 的段簇，可适当加大 CO_2 用量，改善开发效果，如图 6-40 所示。

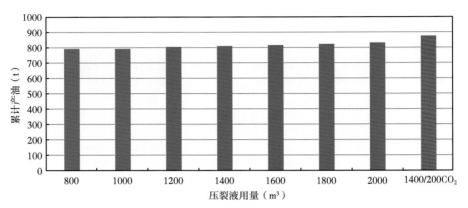

图 6-38　0.01mD 储层不用 CO_2 前置压裂时液量与 CO_2 前置压裂累计产油关对比图

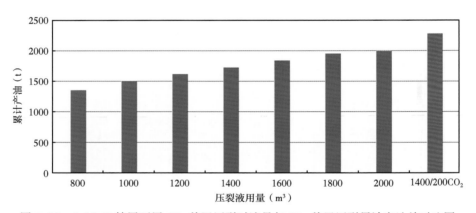

图 6-39　0.06mD 储层不用 CO_2 前置压裂时液量与 CO_2 前置压裂累计产油关对比图

综上表明，由于储层非均质性影响，建议段间距为 45m；不同物性段建议使用不同的液量、簇间距及加砂量，见表 6-12；前置压裂时，不同物性建议使用不同的 CO_2 用量和采用不同簇间距，见表 6-13。

表 6-12　吉木萨尔芦草沟组常规体积压裂推荐压裂参数表

渗透率（mD）	簇间距（m）	压裂液用量（m³）	加砂量（m³）
0.01	5	800	33
0.03	5	1400	30
0.06	10	1800	30
0.1	10	1800	27

表 6-13　吉木萨尔常芦草沟组 CO_2 前置压裂推荐压裂参数表

渗透率（mD）	簇间距（m）	压裂液用量（m³）	CO_2 量（t）
0.01	5	800	100
0.03	10		200
0.06	10	1400	300
0.1	10		300

注：CO_2 前置压裂时，砂量与普通体积压裂不同物性匹配。

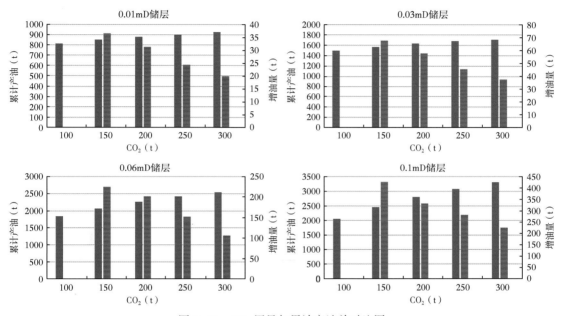

图 6-40　CO_2 用量与累计产油关对比图

第七章　页岩油注 CO_2 提高采收率研究

页岩油赋存于页岩微纳米级孔隙中，需依靠人工压裂裂缝才能产出。由于页岩油弹性开采能量下降快、产量递减快，水平井分段压裂后初始采油速度较高但产量递减快，大量原油滞留于页岩储层孔隙中、注水效果差、后续能量难以补充、基质与裂缝难以有效沟通。因此，亟须开发页岩油提高采收率技术。CO_2 是最常用的驱油剂之一，当压力高于 7.39MPa、温度高于 31.06 ℃时，CO_2 处于 超临界状态，超临界 CO_2 能够较好地渗入到微纳米级孔隙介质中与原油相互作用，具有降低原油界面张力和黏度、扩大原油体积、萃取原油轻质组分的能力，因此注 CO_2 是提高油气采收率的有效方法之一。

目前该方法在国内外常规油气开发中得到广泛应用，在非常规油气开发中的应用还处于探索阶段。开展 CO_2 注入页岩地层提高采收率影响因素研究对探讨页岩油开发和动用技术具有重要意义。为了研究在页岩油藏采用注 CO_2 气体提高采收率方法的可行性，调研了目前考虑纳米级孔隙介质中相态的研究进展，探索了在页岩油藏上实施注气方法中存在的相态变化特征，探讨了注气关键参数对该技术成败的影响，为吉木萨尔页岩油藏后续注气提高采收率研究奠定坚实的理论基础。

第一节　多孔介质中的相态模型

一、相态研究方法

相态对产出油气的组成、流动性及其产量有显著影响。页岩储层纳米级孔隙结构中流体分子的非均质分布，使得页岩储层的烃类相态与常规模型的预测有很大偏差。为了研究页岩储层中流体的相态特征，许多研究者采用了实验方法、分子模拟和状态方程(EOS)建模方法。

1. 实验方法

相关实验研究可分为吸附和解吸实验、差示扫描量热实验(DSC)和芯片实验。吸附和解吸实验是通过测量流体密度的急剧变化来观察相变。流体密度的突然变化是由边界表面附近分子的聚集或分散引起的。吸附和解吸实验表明，受限条件下的饱和压力和临界温度会低于整体(非受限)条件。差示扫描量热实验 DSC 是一种重要的热学技术，可以记录不同温度下的放热速率和吸热速率。在蒸发过程中，流体从周围吸收热量蒸发，温度保持恒定。在特定温度下，热流速率急剧增加，可以将此温度视为泡点。利用 DSC 结果发现纳米条件下的泡点温度要高于 PVT 筒条件下的泡点温度。

芯片实验是另一种研究相态的有效方法。在芯片上蚀刻几个不同深度的通道来模拟不同深度的纳米级孔。该芯片置于高分辨率摄像机下，可以直接观察和记录相变过程。实验结果表明，刻蚀芯片越小，流体饱和点偏差程度越明显。

2. 分子模拟

相态研究中常用的分子模拟方法有分子动力学（MD）模拟和蒙特卡罗（MC）模拟。分子动力学模拟是以牛顿运动方程为基础，分析粒子的物理运动，具有同时研究平衡和非平衡条件的优势。它是分子模拟中最接近实验条件的模拟方法，能够从原子层面给出体系的微观演变过程，直观地展示实验现象发生的机理与规律，促使研究向着更高效、更经济、更有预见性的方向发展。然而，它只能模拟单尺度系统。蒙特卡罗模拟是一种统计方法，通过执行不同类型的 MC 动作使系统达到平衡。为了研究多尺度系统的约束效应，在集合中加入一个固定体积的规范单元来模拟约束区域。对于多组分系统，每个组分分配一个单元，该单元只能通过系统盒传输颗粒。

3. 状态方程建模

状态方程在稳定性测试和分相计算中发挥着重要作用。在石油工程中，Peng-Robinson 状态方程（PR EOS）（Peng，Robinson，1976）是油藏模拟中因其精度和方便成为应用最广泛的状态方程之一。但当孔径减小到纳米级时，PR EOS 就不那么准确了。为了将限制效应纳入 PR EOS，主要通过两种方式进行修改：（1）考虑由 Young-Laplace 方程计算的毛管压力；（2）使用实验方法或分子模拟结果调整纯组分的关键参数。

二、相态影响因素

1. 毛管凝结

毛管凝结是 1871 年提出的，由于液体表面曲率高，被引入为在流体体积饱和压力下发生的气—液相相变。实际上，这种表面曲率存在于有效直径小于 100nm 的纳米级孔中。

油气藏的相态是油藏模拟和流体现场计算的基本输入之一。由于 PVT 筒测量在常规油藏中非常准确，因此将其推广到页岩油藏中是一个自然的发展过程。但页岩储层主要是纳米级孔隙，且纳米级孔占总孔隙度的 20% 以上。毛管冷凝表明，在这些孔隙中，饱和压力可能比其他孔隙低 50% 以上。现有认识已知 PVT 筒和状态方程不能解释毛管凝结，可能导致相态测定的误差超过 50%，但人们对页岩中毛管凝结的了解很少。

实验测量的仪器通常是体积测量仪或重量测量仪。体积测量仪间接测量毛管凝结，依靠状态方程将数据从温度、压力和体积转换为吸附量。这种测量方法依赖于体积膨胀，在高温高压下的准确性偏差，使得它们在油藏条件下的实验不可靠。重量测量仪使用高精度的天平来实时测量相位变化现象，它们需要修正浮力。对于具有良好特征的吸附剂的单组分流体比较容易测量，但对于页岩中的流体混合物和多相流，选择性吸附和未知的孔隙几何形状使这种校正不确定性更明显。同样，这类设备只能测定少量（几毫克）粉状多孔介质，不能对块状岩心进行测量。因而发展了其他的实验方法，包括差示扫描量热法和纳米流体法。

页岩中测量的等温线没有出现常规意义上的毛管凝结，只有页岩中广泛的孔径分布结果，而没有考虑纳米级孔隙的约束。纳米级孔的限制不仅降低了流体的饱和压力，还抑制了流体的临界点。与体流体不同，受限的纳米储层流体表现出两个临界性质。在等温系统中，它们通常被称为孔隙临界温度和滞后临界温度。孔隙临界温度类似于体积临界温度：在此温度之上，不存在明显的液相或气相。纳米流体密度在孔隙临界温度以上的变化被定义为连续的孔隙填充而不是毛管凝结。滞后临界温度指超过该温度后不会出现滞后现象。利用等温线的斜率和毛管冷凝压力，确定这两个临界温度。

为了评价页岩储层中毛管凝结的物理作用，必须了解毛管凝结对油气的影响是否相等。通过比较气体的等温线和合成活油的等温线，可以看出二者的毛管冷凝发生相似。临界温度对孔径有更强的依赖性。流体在较大的孔隙中可能保持亚临界状态，而所有流体都存在超临界滞后现象，包括较轻的烷烃。测量温度在 5~50℃ 之间，流体是超临界，即使等温线仍然显示滞后和/或在等温线上有一个陡峭的跳跃，类似于毛管凝结。因此，根据岩石的孔径分布和流体成分，在储层条件下，可能会出现毛管凝结、连续孔隙充填或超临界滞后现象。

2. 毛管压力

页岩气和致密油储层中纳米级小孔径会导致较大的毛管压力。毛管压力的存在显著影响流体混合物的热力学行为和流体流动过程。在传统的油藏模拟中，毛管压力效应在相态的计算中经常被忽略，仅用于描述多孔介质中的多相输运。然而，由于孔喉尺寸小，非常规储层中流体的热力学很复杂，流体和纳米级孔壁之间的界面张力很高，致密岩石中的毛管作用会降低泡点压力和石油密度。

不同孔径中流体对应的流动模型和相态模型见表 7-1。在考虑致密油储层中多组分应用时，提出了一种计算 CO_2/烃系统在毛管压力存在时相态计算方法。通过热力学模型来解释毛管作用效应，以更好地了解毛管压力对相态的影响。考虑到烃类液体和蒸汽压力的不等式，修改了 Peng-Robinson 状态方程，Gibbs 自由能最小化准则和 Rachford-Rice 闪蒸计算应用于相平衡计算，Young-Laplace 方程用于计算毛管压力，Newton-Raphson 方法用于求解非线性相平衡方程。

表 7-1　在一定孔径范围内有效的流体流动和相态模型

孔径（nm）	<2.5	非常规油藏（2.5~1000）	常规油藏（>1000）
流体流动模型	过渡流和自由分子流	单相流（滑移流）模型	多相达西流动（无滑移边界）
相态模型		考虑多孔介质效应的三次状态方程	立方 EOS（不混相忽略 p_c）

为了更好地了解毛管压力对非常规储层相态的影响，数值模拟也是必不可少的。1992 年研究人员研究了毛管压力对油气相态的影响并提出了一个新的相态状态方程，但计算得到的露点压力比观察到的数据高约 10%。研究人员陆续开发了一个半经验模型来研究表面张力对多孔介质中汽液混合物的影响，或者提出了一种使用等逸度条件和拉普拉斯方程的算法可以同时用于相平衡计算。结果表明，致密岩石中的毛管作用降低了泡点压力和石油密度。后续研究者使用成分扩展的黑油模型将毛管作用对相态的影响结合起来。该模型给出了准确的结果，但不如完全隐式的成分模型稳健。采用这种考虑毛管压力的相态模拟器发现小孔径会导致相包络发生更大的变化，最终对非常规储层油气产量造成明显差异。

毛管压力的影响导致所有温度下的泡点压力较低。当储层条件远离亲油系统的临界点时，泡点压力会发生更大的变化。这是因为较低温度下气相密度和液相密度之间的显著差异导致界面张力增加。因为界面张力为 0，临界点附近的露点压力没有变化。在相同温度下，当混合物变重时，毛管效应更显著，两相区域变小。

为了理解毛管效应，以二元 CO_2/C_{10} 混合物的相行为为例，实验数据测量时没有考虑多孔介质的影响，只是揭示 CO_2 和 C_{10} 烃类体积和相态的早期工作。为了研究纳米级尺度对相态的影响，用所建立的模型在固定半径为 20nm 处给出了相平衡。假设油为润湿相，气为非润湿相。

毛管压力导致较低的泡点压力，但在临界点处泡点抑制几乎为 0。可以清楚地看出，考虑毛管效应时，两相区域缩小。为了更好地分析毛管效应，毛管压力显示为图 7-1 所示的 CO_2 摩尔分数的函数。

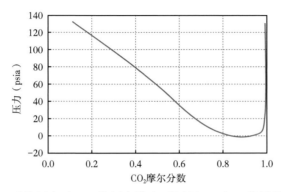

图 7-1 毛管压力对 CO_2 的压力影响（温度为 160℉，孔径为 20nm）

可以观察到，毛管压力在接近临界点时降低到 0，然后开始增加。这是因为液相和气相的密度在临界点附近近似相等。不同孔隙半径下毛管压力效应引起的泡点压力变化如图 7-2 所示。当储层温度为 240℉ 时，较小的孔径中毛管作用对泡点压力的影响更为明显。当半径大于 50nm 时，该影响可以忽略不计。

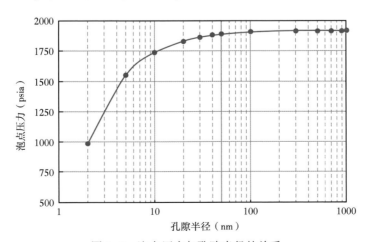

图 7-2 泡点压力与孔隙半径的关系

在孔隙半径为 10~50nm 处的压力—温度相包络线如图 7-3 所示。在低温条件下,当半径减小到 10nm 时,毛管作用对泡点压力的影响可达到 500psia。当压力低于泡点压力时,存在两相,导致高毛管压力。此外,毛管压力还会显著影响相行为性质(如泡点压力)和油气产量。

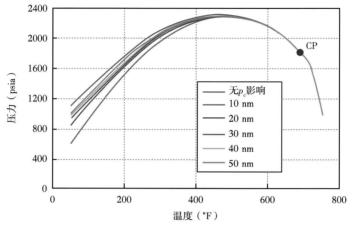

图 7-3　不同孔径泡点压力

如图 7-4 所示,对于原油和 CO_2(1:1)的混合物,在较小半径处毛管效应显著。随着储层压力的升高,毛管压力会降低,在高压下注入 CO_2 会导致毛管压力降低,并且更少的油被滞留在孔隙中,这也可以对石油生产产生积极影响。此外,超过毛管压力可以忽略,沿箭头方向减小。

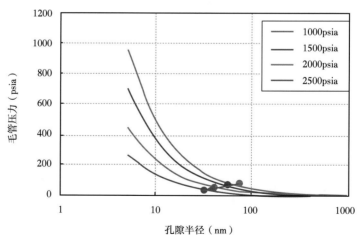

图 7-4　毛管压力与孔隙半径的关系图

通过一个有效的模型计算多相平衡与毛管效应,处理不同的多组分混合物,研究孔径对局部平衡相行为计算的影响。结果表明,当孔隙半径减小到纳米级时,毛管压力效应不可忽视。在油为润湿相的情况下,考虑到毛管压力,可以观察到泡点抑制。毛管压力是由压力—温度图上的小孔隙引起的，特别是当温度和压力远离储层流体的临界点时。一旦系统的润湿性发生变化，可以观察到露点的显著差异。随着储层压力的增加，毛管压力和截止半径（超过此范围毛管压力效应可以忽略）会降低。毛管压力的降低表明 CO_2 等气体可以注入致密油中，从而提高了原油产量。

3. 多孔介质

一般来说，非常规资源是相对低孔低渗透的油气储层。由于储层孔隙小、比表面积大，流体与孔隙介质（岩石颗粒）之间的界面现象更为突出。多孔介质中气液界面曲率非零导致相间毛管压力差，进而影响其他热力学性质，如泡点压力和露点压力。然而，多孔介质对相平衡态影响的证据尚不明确。一些研究人员得出结论，多孔介质对储层流体的相态有显著影响。Tindy 和 Raynal 分别在 PVT 筒和粒径范围为 $160 \sim 200 \mu m$ 的多孔介质中测量了两种原油的泡点压力，两种原油在多孔介质中的泡点压力比在常规 PVT 筒中要高几个百分点。Trebin 和 Zadora 报告称多孔介质中凝析气混合物的露点压力增加了 $10\% \sim 15\%$。相反，Tindy 和 Raynal 在同一相平衡池中处理甲烷和正庚烷的混合物时发现，在多孔介质中饱和压力没有明显差异。Sigmund 等在恒成分膨胀（CCE）过程中测量了甲烷和正丁烷体系以及甲烷和正戊烷的混合物的露点压力和泡点压力，表明多孔介质对饱和压力没有影响。

如图 7-5 所示，对于上（逆行）露点压力区间，有孔隙介质时露点压力曲线始终位于无孔隙介质时露点压力曲线的上方。相反，在低露点压力区间，多孔介质中的露点压力总是小于无多孔介质时的露点压力。在多孔介质存在和不存在时，计算露点的差异最大约为 30%。

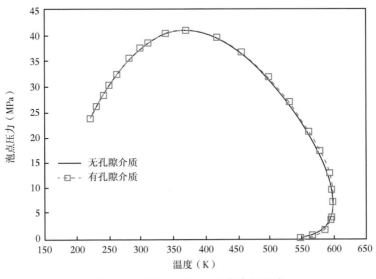

图 7-5 多孔介质中露点曲线的影响

通过实例研究发现，影响多孔介质中凝析气和原油混合物饱和压力的因素有很多。随着岩石（多孔介质）的渗透率、孔隙度等性质的改变，曲率半径也随之改变。在计算饱和压力时，多孔表面的润湿性是另一个需要考虑的因素。一般来说，大多数情况下，在气是非润湿相、油是润湿相的油气藏中，润湿（接触）角小于 90°。在其他一些系统中，当气体润湿固体表面时，润湿（接触）角大于 90°，多孔介质中的露点或泡点压力也会随之调整。此外，随着界面张力的增加，毛管压力也随之增加。同一体系的饱和压力或相行为也会受到很大的影响。

4. 孔径

页岩油储层的特征是复杂的非均质裂缝网络和大量的纳米级孔。当大量的原油储存在纳米级孔中时，传统的流体流动模型不能完全描述多孔介质中的流动行为。这种流动行为的偏差是由烃分子与孔隙壁之间的显著相互作用引起的，不应忽视烃类—壁相互作用。

连续介质流体力学不能捕捉到纳米级孔系统中增强的分子和分子—壁相互作用。需要实验结果或分子动力学模拟的结果来捕捉受限系统中的流动行为。然而，纳米级孔系统的实验和分子模拟方法都是资源密集型的，不适用于一般的油藏模拟。一些研究人员根据实验和分子模拟研究的结果提出了不同的相关性来修正临界相性质。此前的研究中曾建立过相关性，使用有限的数据对一个小样本的纳米级孔进行描述。一些关于纳米级孔约束的研究使用了非有机气体，如 Ar、N_2 和 O_2，这些气体可能具有不同于碳氢化合物的行为。Pitabunkate 最近的一项研究使用正则蒙特卡罗（GCMC）模拟了在干酪根孔隙中存储的烃类物质的行为。对于 GCMC 模拟方法，体积、化学势和温度是恒定的，而分子数是波动的。采用平行裂隙石墨板模拟干酪根孔隙。两块板之间的距离（代表孔隙大小）在 $1\sim10\text{nm}$ 之间变化。模型模拟了甲烷（CH_4）等小分子烃和己烷（C_6H_{14}）等长链烷烃在不同温度下的等温线。临界点是通过确定相变随压力增加而消失的点来确定的，等温线变成了超临界条件下压强的连续函数。通过连接发生相变的点（用流体密度的突然变化表示）来创建相位包络线。

如图 7-6 所示对于临界温度位移，将归一化温度位移的自然对数与孔隙半径的自然对数作图。图 7-6a 显示了温度变化与 R^2 为 0.91 的线性关系，临界压力位移的相关性并不那么直接；图 7-6b 可以看出，与临界温度变化相比，临界压力变化的数据非常分散，归一化临界压力与孔隙半径成反比，根据现有数据集，得到孔隙半径与临界压力位移之间最合理的趋势。

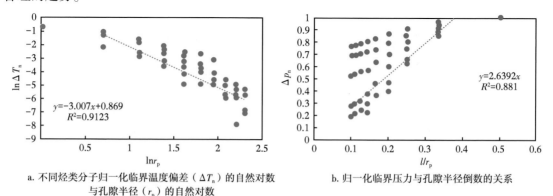

a. 不同烃类分子归一化临界温度偏差（ΔT_n）的自然对数与孔隙半径（r_p）的自然对数

b. 归一化临界压力与孔隙半径倒数的关系

图 7-6 临界温度位移和临界压力位移的相关关系

相关关系总结如下：

$$\ln\Delta T_n = -3.007\ln r_p + 0.869 \tag{7-1}$$

$$\Delta p_n = \frac{2.63}{r_p} \tag{7-2}$$

约束临界性质式用如下公式：

$$T_{cc} = T_c(1 - 2.38 r_p^{-3.007}) \tag{7-3}$$

$$p_{cc} = p_c(1 - \frac{2.63}{r_p}) \tag{7-4}$$

式中：ΔT_n 为临界温度偏差，K；Δp_n 为临界压力偏差，MPa；r_p 为孔隙半径，nm；T_c 为临界温度，K；p_c 为临界压力，MPa；T_{cc} 纳米级孔隙约束后的临界温度，K；p_{cc} 纳米级孔隙约束后的临界压力，MPa。

当孔隙半径较大时，其约束临界性质与体临界性质相等。对于油藏模拟研究，式（7-3）和式（7-4）用于平移由三次状态方程生成的临界性质。

具有纳米级孔的富液页岩储层中的气油比表现出明显不同于没有任何孔隙限制效应的储层的行为。孔隙限制效应对天然气产量有相反的影响，可提高石油产量。页岩油储层中的生产 GOR 由于孔隙限制而变得平稳。

第二节　注 CO_2 提高采收率驱油机理室内模拟介绍

与注水开采相比，页岩储层中循环注入 CO_2 提高采收率潜力较大，因而越发得到重视。了解循环 CO_2 注入驱油机理是优化 CO_2 注入过程的重要步骤，注入最佳应用条件及影响其应用的因素对于页岩循环 CO_2 注入的成功至关重要。

一些研究人员研究了 CO_2 注入在常规和非常规储层中的应用以及注入过程中可能发生的相互作用，同时也研究了 N_2 和 CO_2 注入对含水页岩储层采油的影响。这些由于因素考虑多种多样，以及不同页岩储层的不同性质，页岩储层注入 CO_2 的信息仍不清楚，从而增加研究过程的复杂性。

由于注气提高采收率在非常规页岩储层应用的新颖性，许多因素仍需要进行更广泛的研究，以便能够对页岩中不同 EOR 方法的适用范围做出结论性推断。本节介绍了 CO_2 驱油机理，定义了 CO_2 与储层中岩石、流体之间最常见的相互作用，介绍了一系列实验研究 CO_2 压力、浸泡时间和循环次数对页岩岩心采油的影响。

一、CO_2 驱油机理

自 20 世纪以来，注 CO_2 已经在油气藏提高采收率领域应用，并逐渐使这项技术成为一项成熟和持久的技术。尽管它已经广泛应用于常规油藏，但在页岩等非常规油藏中，仍视作较新的应用。CO_2 可以通过多种方式注入，但最常见的两种方式是连续注入和循环注入。根据储层和流体性质不同，这些方法的应用也不同，不能随意得出一种方法优于另一种方法的结论。

CO_2 驱至少有两口井，一口用于注入 CO_2，另一口用于生产。还可以引入几种注入模式，如五点模式、七点模式或九点模式。CO_2 通过注入井注入储层，随后会通过储层传播并通过多种方式与原油相互作用，包括降低黏度、改善流动性和提高油相相对渗透率。部分原油通过生产井与 CO_2 一起产出，然后将产出的 CO_2 从原油中分离出来，重新注入油藏进行进一步的开采。由于页岩储层的平均孔隙尺寸将达到纳米级，CO_2 将不容易通过基质。此外，大多数页岩储层会有一个由天然裂缝和水力裂缝组成的网络，这将增加非均质性，因此 CO_2 的扩散将无法控制，使得页岩储层的驱油成为一个不可预测的过程。

循环 CO_2 注入只依赖于一口井，这口井既是注入井又是生产井。由于该方法能够克服驱油过程的局限性，已被许多研究人员推荐应用于页岩油藏。在循环 CO_2 过程中，CO_2 通过井注入油藏中，然后让 CO_2 浸泡在原油中。由于 CO_2 被留在储层中，它可以慢慢扩散到页岩基质中，因此与驱油过程相比，可以更有效地将原油从基质中驱动起来。此外，由于它只利用一口井，CO_2 被滞留在一个区域，可以控制注入和生产周期，并通过焖井生产机制最大限度地提高采收率。然而，该工艺也有一定的局限性，过高的压力使得形成新的裂缝，增加了储层非均质性，从而降低了对注入 CO_2 的控制。

针对页岩油藏，将 CO_2 进入页岩裂缝—基质系统分为了 4 个步骤：(1) CO_2 通过高压作用下迅速穿过裂缝。(2) 当页岩基质暴露在 CO_2 中后，CO_2 在压差作用下渗透进基质中。在这个过程中，进入基质的 CO_2 发生膨胀，迫使部分原油从基质中流出进入裂缝，但同时部分 CO_2 也会携带原油进入基质。(3) 进入基质的 CO_2 在补充基质能量的同时溶解于原油，致使部分原油膨胀降黏。(4) 当基质和裂缝的压力系统达到平衡时，原油在扩散的作用下从基质中进入裂缝。在适当的条件下也能发生混相从而形成混相驱。针对页岩基质，研究指出相对于甲烷，CO_2 更容易吸附在存在有机质的多孔介质中，可以置换出吸附在介质表面的甲烷。因此，CO_2 在页岩油藏中提高采收率的机理主要包括增压、溶解、抽提、膨胀、吸附置换、降低毛管力和扩散。

二、CO_2 的交互作用

从 2008 年开始，Bakken 油田先后进行了 7 个提高采收率的先导性实验项目，其中两个为 CO_2 吞吐。虽然在室内研究和数值模拟方面都证明 CO_2 吞吐能够有效地提高页岩油藏的采收率，但是现场结果显示，两个 CO_2 吞吐的先导性实验均没有获得较好的效果。主要原因有两个：(1) 注入的 CO_2 大部分存在于裂缝中，并没有有效进入基质。(2) 气窜问题严重，实验中在注入气体数天到数周时间内出现了严重的气窜现象，导致产量明显下降。如果要执行成功的注入操作，就必须理解注入的 CO_2 会以多种方式与储层岩石和流体相互作用。一些相互作用被认为有利于采油，甚至对环境有利，而另一些如果不事先考虑，可能会造成严重的安全、经济和环境问题。下面将对主要的几种交互进行简要说明。

1. 岩石溶解

由于 CO_2 的酸性，几种矿物可以与注入储层的 CO_2 发生反应。在页岩储层中，最常见的两种与 CO_2 相互作用的岩石是石灰岩、白云岩。这些岩石与 CO_2 的反应会产生通道、洞穴和裂缝。该反应还可以分别与石灰石、白云石产生钙氧化物或氧化镁等沉淀。

2. CO_2 吸附

CO_2 可能会吸附到页岩表面。这种互动可能是有益的，也可能是有害的。由于 CO_2 吸附在岩石上，它可以成为具有环境友好的 CO_2 储存方法。然而，CO_2 的储存会降低页岩的有效渗透率和原油相对渗透率，从而降低整体采收率。同时，在高压注入 CO_2 的过程中，可以对储层中天然裂缝进行压裂，这种类似的增产措施在天然裂缝中形成泄油通道，从而提高采收率。

3. 酸性形成

CO_2 本质上是酸性的。当它与水相互作用时，也能形成碳酸。碳酸在储层中的形成增加了岩石溶蚀的程度，从而增加储层的整体非均质性。这在很大程度上取决于地层水的存在，以及地层水的质量，包括盐度、总溶解盐、硬度和饱和度。原油中含有许多成分，其中一些成分可能存在问题。当引入介质与原油，如 CO_2、沥青质原油开始沉淀，沥青质沉淀可能会造成严重的生产和操作问题，并可能破坏地面设施。因此，必须对原油进行沥青质分析，并在注 CO_2 前考虑沥青质的稳定性，以避免生产过程中出现问题。在 CO_2 与原油相互作用的过程中，随着压力的增加，CO_2 与原油之间的界面张力降低，使得一些 CO_2 溶解于原油中，使油膨胀、体积增大。油的体积增加带来了一些有利的结果，如降低油黏度，增加油的相对渗透率，增加石油的流动性，提高溶解气驱采收率。

4. CO_2 混溶性

如果 CO_2 注入压力足够高，原油和 CO_2 之间的界面张力可以完全消除。这使得两种流体间混溶。当达到混相时，油和 CO_2 成为一相，使它们之间没有区别。在轻、中原油中，注入混相 CO_2 的效果非常好，而在重质原油中，注入不混相 CO_2 的效果更好。

三、循环注入 CO_2 实验条件的影响

CO_2 吞吐又称循环注 CO_2，是油藏注 CO_2 方法之一。CO_2 通过油井注入地层，然后在预定的时间内与储层流体（包括石油）一起浸泡，之后再用同一口井生产。为了在实验室中模拟这一现场应用，设计了一个特殊的容器来代表注入和生产的井。

1. 实验描述

（1）原油性质：实验用油黏度为 67mPa·s，组分采用气相色谱—质谱法测定，见表 7-2。

（2）页岩样品：取自美国俄克拉荷马州东北部的露头页岩样品。页岩岩心用原油浸泡 7 个月，以确保岩心完全饱和。岩心的尺寸为直径 1in、长约 2in。

（3）特殊设计的高压高温容器：能够承受实验所需的高压和高温条件。

（4）水浴：水浴加热保证实验恒温条件。实验期间这些容器完全浸泡在水浴中。

表 7-2　原油组成和沥青质浓度

组分	重量百分率（%）
C_1—C_5	9.37
C_6—C_{10}	14.74
C_{10}—C_{15}	18.89
C_{16}—C_{20}	19.31
C_{20}—C_{30}	11.63
C_{30+}	20.33
沥青质（C_{30+}成分）	5.73
总计	100

（5）温度计：为确保温度恒定，在水浴槽中放置温度计实时记录容器的温度。如果实验温度波动高于 0.3℃ 以上，则要求重复实验。

（6）蒸馏水：蒸馏水作为水浴中的加热介质，并在注入前对收集器中的 CO_2 加压。

（7）高压力计：收集的出口处设置一个压力表，记录实验中 CO_2 的注入压力。在注入口也有一个压力表，用来记录实验压力，确保实验期间无泄漏。

2. 实验装置

实验容器如图 7-7 所示。该装置有一个微量水泵为收集器中的 CO_2 增压。页岩岩心放置在一个特殊容器进行吞吐实验。

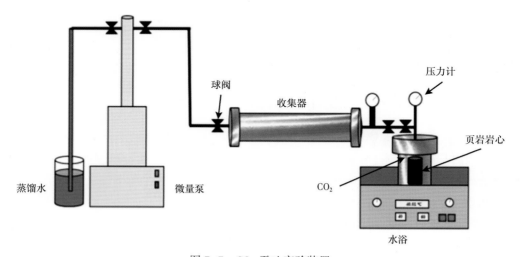

图 7-7　CO_2 吞吐实验装置

3. 实验步骤

循环注入 CO_2 实验步骤如下：

（1）干岩心样品称重。

（2）将页岩岩心置于41℃恒温的高压容器中，使原油充分饱和7个月。

（3）7个月后岩心重新称重，根据原油密度确定孔隙体积。

（4）岩心放置在吞吐容器中。防止泄压需时常更换O形环确保密封容器。

（5）容器密封后，用真空吸除容器内的空气。抽真空过程要进行30~60min。

（6）抽真空后的吞吐容器水浴加热一夜。

（7）容器中注入 CO_2 保持一定压力，浸泡焖井。

（8）浸泡时间结束后，释压，从高压容器中取出岩心。

（9）岩心再次称重，确定采收率。

（10）循环注入 CO_2 ，直到连续两个循环之间没有采出更多的原油。

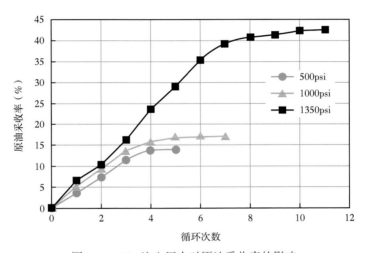

图7-8　CO_2 注入压力对原油采收率的影响

4. 结论分析

1）注入压力的影响

CO_2 注入压力受多个因素限制，主要包括地面设备、储层性质和 CO_2 相。实验设计的注入压力有500psi、1000psi、1350psi。其中，在500psi压力下 CO_2 为气态；1000psi压力下 CO_2 可能是液态，也可能是气态，主要还取决其他因素，被称为近临界 CO_2 相；压力1350psi认为是超临界 CO_2 相。三种注入压力下的吞吐实验的结果如图7-8所示，1350psi时的采收率最高，最低的采收率来自500psi的实验。压力从500psi升高到1000psi时，吞吐增油量远小于压力从1000psi到1350psi的吞吐增油量。这主要归因于 CO_2 相的变化。

而当注入压力为1350psi时，页岩岩心开始破裂，注 CO_2 吞吐到第三个周期后，岩心发生明显的破裂，如图7-9所示。其中一些裂缝是岩心天然裂缝改造的结果，而其他裂缝则是由于注入压力高、浸泡时间长而产生的新诱导裂缝。在最后一个周期之后，岩心裂成四块。

2）温度的影响

储层温度是储层的固有属性，是无法控制的因素之一。然而，它对页岩油的开采产生

图 7-9　页岩岩心高压下的天然裂缝和诱发裂缝

很大的影响。在较高的温度下，油的黏度会显著降低，流动性会增加。与低温高黏度油藏相比，这可能会有更高的采收率。研究温度分别为 25℃、40℃ 和 60℃ 情况对驱替效果的影响，实验结果如图 7-10 所示。所有实验均在压力为 1350psi，经过 6 个小时的 CO_2 浸泡下进行的。除了得到常规认识，即提高温度可以提高采收率外，从图 7-10 上可以观察到：

（1）当循环周次数小于 4 次时，温度为 40℃ 时的吞吐增油量没有 25℃ 时高；

（2）温度为 40℃ 和 60℃ 时开展的吞吐实验的增油量差异远小于 25℃ 和 40℃ 实验间的差异。这可以归因于 CO_2 相在 31.4℃ 以上的温度下是超临界的。

（3）实验温度为 25℃ 时，有两个重要现象：①在吞吐降压阶段，由于存在气体膨胀效应（焦耳—汤普森效应），低温岩心中的气体 CO_2 会发生冻结现象。②当 CO_2 冻结部分温度稍微提升一点，岩心内部就会形成裂缝。

显而易见，增高实验模拟温度可以提高原油采收率，当模拟实验温度为 60℃ 时采收率达到 49%。

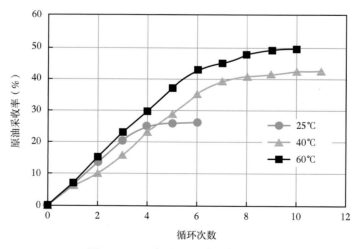

图 7-10　温度对原油采收率的影响

四、注入 CO_2 的岩心驱替实验

除了受油藏自身条件的影响外，Francisco 等深入研究了页岩油藏注 CO_2、N_2 受最小混相压力、浸泡时间的影响，并采用 CT 技术可视化注气实验过程中组分随时间和空间变化情况，加深了注 CO_2 过程中气体与页岩油之间的传质过程的理解。

表 7-3 给出了使用 CO_2 作为注入剂进行的两组实验结果。实验组 1 使用 1 号井中的岩石和原油样品，分别在 2500psi、3500psi 压力下进行。首次实验在 2500psi 较低的压力下开始，并在该压力下进行两次注气吞吐，然后增加压力到 3500psi，再进行两次注气吞吐。第一组的所有实验压力都小于 CO_2 的最小混相压力 3706psi。实验组 2 是用 2 号井岩石和原油样品，每组样品在特定的压力进行吞吐实验，压力范围包括 1200psi、2100psi、3100psi，或高于或低于最小混相压力 1925psi。

循环注入 CO_2 实验结果统计表显示，原油采收率在 2%～40% 之间，有 9 组实验采收率达到或超过 10%，其中 6 组采收率高于 15%。这清楚地表明 CO_2 能够显著提高页岩油的采收率。

表 7-3 CO_2 循环驱替岩心实验结果统计表

设置	测试集	样本	浸泡时间 （h）	测试压力 （psi）	混相压力 （psi）	采收率 （%）	误差 （%）
1	1.1	1	22	2500	3706	22.9	±0.5
		1	22	3500	3706	40.0	±0.5
	1.2	2	10	2500	3706	17.8	±1.0
		2	10	3500	3706	0.0*	0*
	1.3	3	0	2500	3706	9.7	±1.0
		3	0	3500	3706	14.1	±1.0
2	2.1	4	21	1200	1925	9.5	±1.0
	2.2	5	0	2100	1925	7.4	±1.0
	2.3	6	21	2100	1925	14.5	±1.0
	2.4	7	21	3100	1925	26.2	±0.9
	2.5	8	0	1200	1925	1.7	±1.0
	2.6	9	0	3100	1925	14.7	±0.9

注：储层温度为 73.9℃，*表示实验过程中系统发生故障。

1. 压力的影响

实验中，压力对采收率影响极大（表 7-3、图 7-11）。(1)第 1 组中测试集 1.3 反映的是对样本 3 连续注气不焖井过程。当压力从 2500psi 增加到 3500psi，压力增加了 1000psi，采收率从 9.73% 增加到 14.05%。(2)测试集 1.1 对应的实验，是浸泡焖井 22 小时的吞吐实验，压力增加 1000psi，采收率提高了 17.1%。(3)相应的实验组 2 也反映了类似的趋势。压力在 1200psi 浸泡焖井 21 小时吞吐的原油采收率，相较压力为 2100psi 时没有焖井的采收率提高了 2.1%。(4)压力为 2100psi 时焖井 21 小时的采收率较之连续注入情况下

的采收率增加了 7.1%。（5）同样焖井 21 小时，压力为 3100psi 吞吐的采收率较压力为 2100psi 增加了 11.7%。

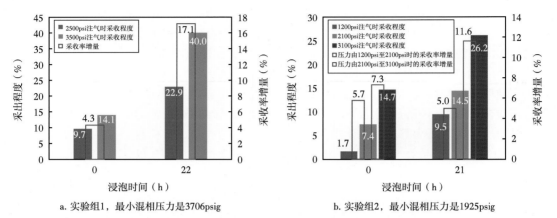

a. 实验组1，最小混相压力是3706psig　　b. 实验组2，最小混相压力是1925psig

图 7-11　压力对采收率的影响

2. 最小混相压力的作用

图 7-12 反映了页岩油储层连续注气和注 CO_2 浸泡 21 小时吞吐过程采收率随注入压力的变化趋势。这与常规高渗透油藏中的 CO_2 驱理论有很大的不同。在高渗透储层中，当压力小于最小混相压力时，采收率是压力的强函数，但当压力大于最小混相压力时，采收率是压力的弱函数，意味着一旦压力大于最小混相压力，进一步增加压力对采收率几乎没有影响。

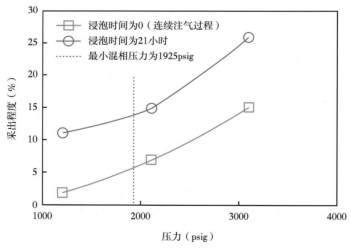

图 7-12　采收率随压力的变化

而在富含有机质的页岩中，压力不管是大于或小于最小混相压力，采收率均是压力的强函数。这不是由于在常规储层中观察到的分散效应造成的，而是由于页岩储层中可混相或接近可混相的前缘会一直驱扫基质。

3. 浸泡焖井时间的影响

浸泡焖井时间也会影响采收率(图 7-13)。实验组 1 中在压力为 2500psi 时,浸泡焖井时间从 0 增加到 22 小时,采收率增加 13.1%。在 3500psig 下,增加浸泡焖井时间采收率增加 26%。在研究的两种压力水平下,从连续注入(零浸泡时间)到类似吞吐的方案,采收率增加了一倍以上。浸泡时间表明,采收率与浸泡时间不成线性比例。

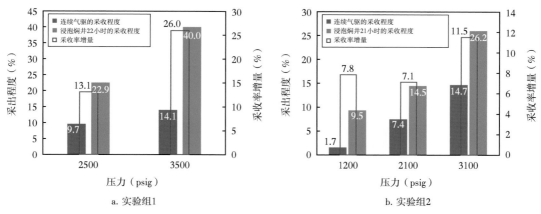

a. 实验组1   b. 实验组2

图 7-13 浸泡时间对采收率(RF)的影响

第 2 组实验结果。在 1200psig、2100psig 和 3100psig 的三个压力水平下,浸泡焖井吞吐采收率比连续注气的采收率增加明显。无论压力是大于还是小于最小混相压力 1925psi,情况都是如此。当压力小于最小混相压力时,以 1200psi 为例,采收率增加近 5 倍,而当压力大于最小混相压力后,压力为 2100psig 或者 3100psig 时,采收率几乎只增加了 1 倍。

4. 循环次数的影响

图 7-14 显示了 CO_2 吞吐实验中每个循环的采收率,大部分采出程度是在第一个循环时得到。在其他的气驱实验中也观察到了类似的结果。连续注入 CO_2 的生产过程和浸泡焖井吞吐生产过程主要是强制对流和自由扩散之间的差异。

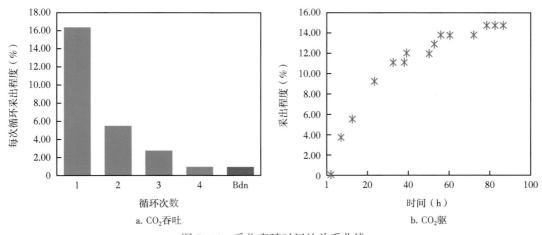

a. CO_2吞吐   b. CO_2驱

图 7-14 采收率随时间的关系曲线

5. 成分的变化

岩心驱油设备与 CT 连接。通过多次扫描实验装置，将时间设为第四维度。利用页岩油和注入气体密度的差异来观察注入气体如何进入页岩基质。

图 7-15 显示了页岩岩心注 CO_2 驱替实验过程中，采用 CT 技术观察岩心内部流体组分传输情况。CT 图像是通过将岩心沿其长度以 0.33 mm 生成切片，依次排序编号。图 7-15a 是 1 号井样品进行的实验结果，图 7-15b 是 2 号井样品进行的实验结果。实验结果显示页岩的传输特性显著减缓了 CO_2 的驱替速度。经过几天焖井，CO_2 仍无法到达岩心中心，其程度与到达边缘的程度相同。这意味着，页岩基质较差的传输特性显著削弱了 CO_2 和原油之间的传质。从图 7-15a 观察到实验测试集 1.1，CO_2 进入岩心的深度比其他几组测试集要深。究其原因主要有两个因素：（1）实验组使用的岩心有较高孔隙度和较高渗透率的样品，因而具备最佳传输特性；（2）实验测试集 1.1 是在较高压力下进行的。注入压力高和好的传输环境是产生好的传质的先决条件。即使是这种最佳的传输条件下，页岩流体中的传输仍然很低，反映出 CO_2 对岩心边缘的影响大于对岩心中心的影响。

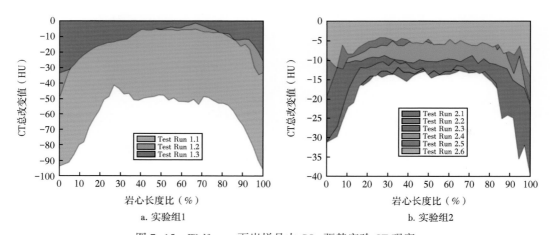

a. 实验组1　　　　　　　　　　b. 实验组2

图 7-15　Wolfcamp 页岩样品中 CO_2 驱替实验 CT 观察

图 7-16b 反映随时间的推移实验测试集 2.4 中 CT 值在岩心径向的变化。初始时刻，CT 值在岩心上是均匀的，但随着时间的推移，岩心内部由于流体组分变化 CT 值减少。由于页岩基质较差的传输特性阻碍了 CO_2 和原油之间质量交换，岩心边缘的 CT 值减少程度更明显。图 7-16a 反映随时间的推移，实验测试集 2.6 中 CT 值沿岩心内部的变化。岩心边缘的 CT 值明显减少，岩心中心 CT 值增加意味着流体密度是增加的。这是因为较轻的油成分被 CO_2 蒸发，留下较重的成分。岩心中心的原油比初始原油有较高的重烃成分，因而表现出更高的原油密度和更高的 CT 值。

岩心中流体组分的改变是由于 CO_2 与原油发生了蒸发/凝析混溶驱油机制。图 7-17a 显示了常规岩石中注入气体的混相过程简化示意图。当 CO_2 注入常规砂岩储层时，混溶性很少且是瞬间实现的。如果将这一过程视作一系列接触，在每个接触中，原油成分蒸发进气相，同时 CO_2 溶解进油相。随着接触时间延长，气相和液相的成分在界面处彼此接近，最终成为单一流体。当达到一定温度和压力后界面消失，并被过渡区或混相前缘所取代。

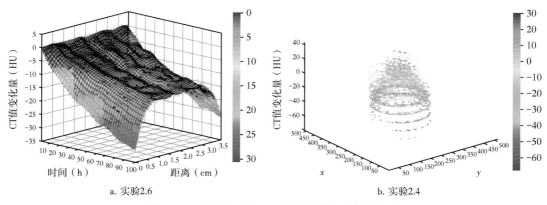

a. 实验2.6　　　　　　　　　　　　b. 实验2.4

图 7-16　驱替实验中 CT 值随长度和时间的变化

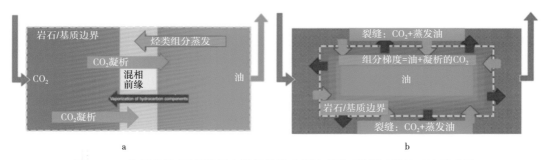

a　　　　　　　　　　　　　　　b

图 7-17　常规砂岩/页岩储层中混相前沿和周边蒸发/凝析过程的对比示意图

a. 常规砂岩储层中的蒸发/凝析过程，驱替的混相前缘驱替效率接近 100%。b. 页岩的蒸发/凝析过程，
没有混相前缘，蒸发/凝析过程以外围方式进行，与高渗透砂岩相比动力学较慢。红色箭头表示 CO_2
凝析到原油中，绿色箭头表示烃类成分蒸发成 CO_2 气相中

在常规砂岩储层中，注入端主要是 CO_2 组成的气相饱和，随着 CO_2 向岩心深处运移与烃类组分达到混相带，在混相带前端烃类组分的浓度高于 CO_2 的浓度，并持续增加，直到接近原始油的成分。随着注入的继续，混相前缘带向前运动，不受毛管压力影响，驱油效率接近 100%。在实验室驱替岩心实验中，如果能够最大限度地提高波及效率，采收率接近 100%。而在页岩中，图 7-17b 所示蒸发/凝析过程遇到的第一个差异就是页岩中有水力裂缝存在。实验中，即使实验压力明显大于最小混相压力，采收率始终小于 60%。

常规储层进行注气时，注入气体与储层流体形成的混相前缘带驱扫整个区域。当系统中有水力裂缝时，由于裂缝的渗透率有几个达西，远高于岩石基质渗透率，注入气体可能在裂缝中发生窜流，蒸发/凝析过程只发生在页岩外围，显著降低采收率。

此外，富含有机物的页岩基质渗流能力差。在浸泡焖井期间，岩心 CT 测试分析表明，基质渗流能力差显著减缓注入气体和原油之间的传质。虽然发生多个传质接触过程，裂缝中的气体烃类成分变得更丰富，但由于页岩基质的渗流能力差导致传质过程相当缓慢。实验观察结果表明，蒸发/凝析过程由气相和液相之间的传质控制。

通过实验发现，浸泡焖井时间越长，采收率越高。页岩就像分子扩散的屏障，为了达到相同的蒸发/凝析程度，使用富含有机物的页岩进行的实验需要比使用砂岩进行的类似实验更长的浸泡焖井时间，存在一个最佳浸泡焖井时间，超过该时间后，采收率不会进一步增加。最佳静置时间受传质面大小和注入气体量有关。压裂用的填充支撑剂和形成的裂缝能够储存更多的气量，因此需要更多的时间让裂缝内的气体与烃类组分接触。裂缝面越大传质的接触表面积就越大，需要的静置时间就短。当涉及复杂的水力裂缝参数时，最佳静置时间的选取较为复杂。

当注入压力超过最小混相压力，页岩油藏的采收率会表现出与常规油藏不同的现象，页岩注气开发的采收率随压力增加仍然会增加。在常规油藏中，注入压力低于最小混相压力时，采收率是压力的强函数；当压力大于最小混相压力时，采收率是压力的弱函数。常规储层注入 CO_2 时，当压力大于最小混相压力发生蒸发/凝析过程，形成混相或近混相前缘带驱替页岩中的原油。在现场应用中，由于存在气相浓度分散效应形成混相带的条件一般要高于最小混相压力水平，达到该压力后进一步提高注入压力不会采出额外的原油，混相前缘带驱油效率接近 100%。而在富含有机质的页岩中蒸发/凝析过程是发生在外围且缓慢推进的，不存在混相或近混相驱替前缘，天然气大部分留在裂缝中。与常规储层相比，在页岩中流体间的传质速度较慢，基质内形成了组分梯度，靠近裂缝的原油比原始原油的 CO_2 含量要高，原油组分较差；在基质内部，烃类组分增加，CO_2 的成分减少。源于基质较差的输运性质减缓了传质作用，妨碍系统达到相平衡。当页岩储层中注入更高的压力，CO_2 将蒸发更多的油组分，更多的 CO_2 会在油中凝析，使得原油黏度降低和体积膨胀。

第三节 吉木萨尔页岩油 CO_2 可行性研究

吉木萨尔凹陷芦草沟组页岩油藏目前采用水平井+体积压裂开发，水平井压后初产高（28t/d）、递减快（2018—2020 年间产油水平递减 55%）、采收率低（10.1%），提高采收率举措急需攻关。通过分析研究，理清 CO_2 增油机理，明确目标页岩油藏应用 CO_2 提高采收率的可行性，确定合理的 CO_2 注入参数，建立吉木萨尔页岩油 CO_2 辅助开发模式，推动储量资源整体高效动用，实现页岩油规模上产、持续稳产和效益开发，为类似油藏的开发提供技术储备。

一、考虑纳米级孔隙流体吸附的油气相态建模

基于实验室 PVT 报告，利用 PR EOS 进行流体表征，将储层流体拟化成 CO_2、C_1+N_2、C_2+C_6、C_7+C_{20}、C_{20+} 等 6 个拟组分，得到临界性质、偏心因子、体积位移参数和二元相互作用参数的体性质。由于纳米级孔中的界面张力不容忽视，通过建立综合临界压力与界面张力的油气最小混相压力计算方法，可用于计算纳米级孔隙条件下页岩油—CO_2 最小混相压力。如图 7-18 所示，计算表明纳米级孔吸附效应使得 CO_2 与原油传质作用增强，随着孔隙尺寸减小，CO_2 与原油间最小混相压力降低，当孔隙半径 R_p 由 100nm 降低到 50nm 时，最小混相压力下降近 10%。

综合细管实验和 CMG 相态模拟，确定下"甜点"高黏区 J10022_H 井原油与 CO_2 最小混相压力应在 24~30MPa 之间，在地层条件下（41.25MPa）可实现混相，见表 7-4。

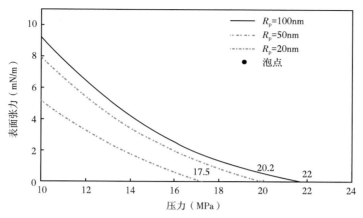

图 7-18　不同孔径下最小混相压力

表 7-4　J10022_H 井原油与 CO₂ 最小混相压力测试结果表

测试方法	测试结果（MPa）
细管实验物理模拟	24.28
CMG-WinProp 多级接触混相	29.75
CMG-GEM 模拟细管实验	25.50
综合泡点压力与界面张力的油气最小混相压力计算方法	24.05

二、注 CO₂ 增油机理讨论

1. 酸化解堵，沟通细孔喉，提高储量动用程度

如图 7-19 所示，云质成分含量高，易溶蚀矿物含量占比达 60% 以上 ，以白云石、方解石、斜长石为主。

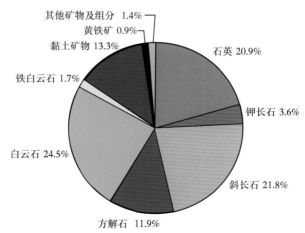

图 7-19　全岩矿物 X 射线衍射资料（139 块）

以吉 37 井、吉 30 井岩屑描述为例，大部分井段含有白云质，吉 37 井白云质含量为 25%～30%，吉 30 井白云质含量为 20%～30%，加酸可以起泡。

JHW020 井注 CO_2 吞吐后，产出水离子浓度明显增加，总矿化度增大，说明 CO_2 对储层有溶蚀作用，有利于改善储层的渗透性和导流能力。吉 30 井注 CO_2 吞吐后，视表皮系数为 0.004，未见结垢污染影响。

如图 7-20 所示：

（1）重碳酸根离子浓度变大，由 3280.8mg/L 增高到 10276.1mg/L，后期稳定在 10000mg/L 左右，说明未生成难溶碳酸盐沉淀；

（2）pH 值变化不大，注前 7.32，注后 7.22，CO_2 注入量少，未使产出水呈现弱酸性；

（3）Ca^{2+}、Mg^{2+} 成矿离子浓度均变大，Ca^{2+} 浓度由 25.2mg/L 增高到 103.5mg/L；Mg^{2+} 浓度由 15.2mg/L 增高到 29.9mg/L；

（4）Na^+、K^+ 非成矿离子浓度变大，由 3358.9mg/L 增高到 5832.8mg/L；

（5）总矿化度变大，由 10088.2mg/L 增高到 19565.9mg/L。

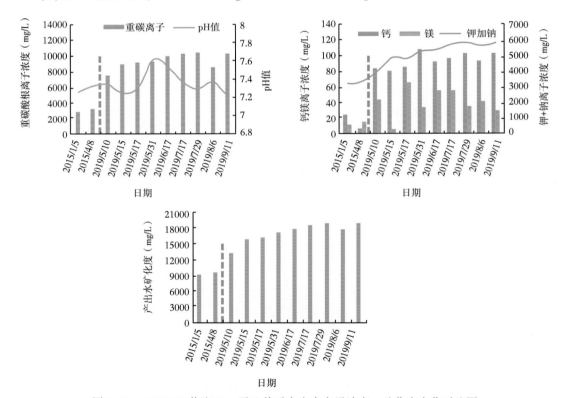

图 7-20　JHW020 井注 CO_2 吞吐前后产出水离子浓度、矿化度变化对比图

2. 溶胀增能，增加油层驱动能量

CO_2 溶于原油后，气油比增加，地层原油体积明显膨胀，随着原油中溶解的 CO_2 增多，体积系数增大，地层弹性能增大；开井生产时，注入油层的 CO_2 再从原油中逸出、膨胀带动原油流入井底，起到溶解气驱作用。

通过对吉 37 井流体的加气溶胀实验如图 7-21、图 7-22 所示，实验结果表明在地层条件下，原油体积系数上升幅度可以达 55% 以上。

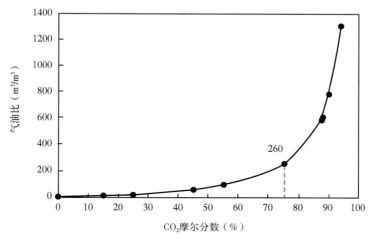

图 7-21　吉 37 井 CO_2 注入量与气油比关系图

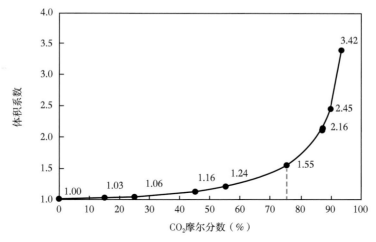

图 7-22　吉 37 井 CO_2 注入量与原油体积系数关系图

3. 有效降黏，改善原油流动性

注入 CO_2 后，随着原油中溶解的 CO_2 增多，地层原油黏度降低，有效提高原油流度，有利于驱油介质从孔隙介质中将油驱出，提高产能和驱油效率。

对吉 37 井原油样品进行注 CO_2 实验计算原油黏度的变化值如图 7-23 所示，在地层条件下，随着 CO_2 溶入增多，原油黏度下降，降黏幅度在 60% 左右。

4. 萃取原油轻质组分

CO_2 吞吐后，地面脱气原油密度增加（轻质烃萃取），后逐渐降低（中质—重质烃萃取），最后达到稳定（长驱替过程中变化明显）。

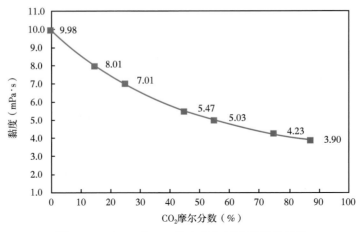

图 7-23　吉 37 井 CO_2 注入量与原油黏度关系图

对吉 30 井原油样品进行注 CO_2 实验，如图 7-24 所示，注入 CO_2 前后对原油密度的影响由注入前的 $0.885g/cm^3$ 左右增高到注入后的 $0.9g/cm^3$ 左右，表明原油中的轻质组分在注入 CO_2 后发生传质过程。同时在 JHW023 井进行对比分析，测定没有注入过 CO_2 的 JHW023 井原油地面密度没有发生变化。

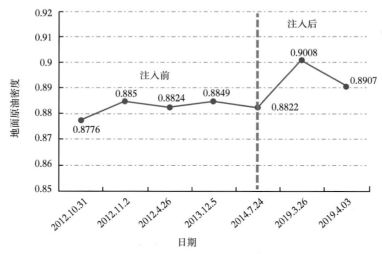

图 7-24　吉 30 井 CO_2 注入前后地面密度变化图

（原油密度，g/cm^3）

对吉 30 井、吉 37 井吞吐原油全烃色谱分析发现，CO_2 吞吐后，原油中部分轻组分（主要是 C_1—C_9）减少，中间—重质组分增多，CO_2 萃取轻质组分作用明显。而对应的地面原油族组分分析，CO_2 吞吐后，原油中的饱和烃含量降低（下降幅度为 6%～9%），芳烃及胶沥质总含量增多。

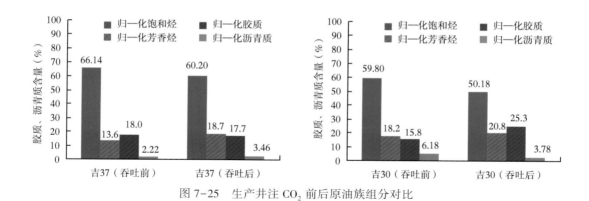

图 7-25　生产井注 CO_2 前后原油族组分对比

三、合理的 CO_2 注入参数讨论

1. 确定合理注入量

1）Patton 等经验公式法

$$E = 1.3464 \times 10^{-3} - 1.428 \times 10^{-4} N_c - 1.836 \times 10^{-7} \mu_{oi} + 9.466 \times 10^{-5} p_t + 1.116 \times 10^{-7} p_t^2$$
$$+ 1.754 \times 10^{-7} K - 5.304 \times 10^{-5} S_{oi} - 3.026 \times 10^{-8} V_c \qquad (7-5)$$

$$Q = EV_c h \qquad (7-6)$$

式中：E 是 CO_2 换油率，m^3（油）/m^3（CO_2）；N_c 是吞吐周期数，次；μ_{oi} 是地下原油黏度，$mPa \cdot s$；p_t 是井底注入 CO_2 压力，MPa；K 是渗透率，mD；S_{oi} 是原始含油饱和度；V_c 是单位厚度 CO_2 注入量（气态），m^3/m；Q 是增油量，m^3；h 是注入油层厚度，m。

利用 Patton 等经验公式法计算吉 37 井、吉 30 井 CO_2 吞吐注入量分别为 675t、800t。

2）椭球体积法

将气体在目的油层的作用范围看作椭球体/椭圆柱体计算：

$$V = \phi P_v \pi a b H \qquad (7-7)$$

式中：V 是地层条件下 CO_2 气体体积，m^3；ϕ 是孔隙度，%；P_v 是经验系数；H 是水平段长度，m；a 是纵向处理距离，m；b 是横向处理半径，m。

利用椭球体积法代入相关储层参数计算吉 37 井、吉 30 井 CO_2 吞吐注入量分别为 993.8t、826.2t。

3）采出体积法

根据东部矿场实施经验，一般按照单井采出液体积 10%~15% 作为 CO_2 吞吐参考用量，计算吉 37 井、吉 30 井 CO_2 用量分别为 877t、722t。

综合以上计算方法，结合单井实际亏空计算，吉 37 井、吉 30 井 CO_2 合理注入量分别为 850t、800t。

2. 确定合理注入压力

考虑注入压力设计时应低于最小破裂压力、井口采油树承压以及注入设备承压。

吉 37 井、吉 30 井口按照 1.3~1.5 的安全系数考虑，采油树承压需 35MPa，注入压力上限为 28MPa。

3. 确定合理注入速度

注入速度的确定遵循以下原则：在低于破裂压力且确保 CO_2 不沿高渗透层窜流到邻井的前提下，较快速度注入可取得更好的吞吐效果。

在不同排量条件下进行试注来确定地层对 CO_2 的吸收能力。吉 37 井、吉 30 井设计初始注入速度为 60t/d，若注入正常，将排量提高至 90t/d，正常注入阶段根据实施经验确定为 120~150t/d。

4. 确定合理焖井时间

合理焖井时间的确定以早期的井口压力稳定监测为依据，井口油压或套压平稳为临界点，再继续焖井 7 天为开井原则，设计吉 37 井、吉 30 井焖井时间 30~40 天。

这样可以保证注入气体最大限度地渗入微细孔喉，充分溶入原油；同时要兼顾页岩油黏温敏感，需要一定焖井时间进行充分的热交换。

参 考 文 献

杜金玲，林鹤，纪拥军，等，2021. 地震与微地震融合技术在页岩油压后评估中的应用［J］. 岩性油气藏，33（2）：127-134.

冯其红，王森，2020. 页岩油流动机理与开发技术［M］. 北京：石油工业出版社.

冯雪磊，马凤山，赵海军，等，2020. 断层影响下的页岩气储层水力压裂模拟研究［J］. 工程地质学报，29（3）：1-16.

霍进，高阳，等，2021. 新疆吉木萨尔页岩油优质储层评价［M］. 北京：石油工业出版社.

霍进，何吉祥，高阳，等，2019. 吉木萨尔凹陷芦草沟组页岩油开发难点及对策［J］. 新疆石油地质，40（4）：379-388.

雷群，翁定为，熊生春，等，2021. 中国石油页岩油储集层改造技术进展及发展方向［J］. 石油勘探与开发，48（5）：1035-1042.

雷群，胥云，才博，等，2022. 页岩油气水平井压裂技术进展与展望［J］. 石油勘探与开发，49（1）：1-8.

金之钧，王冠平，刘光祥，等，2021. 中国陆相页岩油研究进展与关键科学问题［J］. 石油学报，42（7）：821-835.

金之钧，朱如凯，梁新平，等，2021. 当前陆相页岩油勘探开发值得关注的几个问题［J］. 石油勘探与开发，48（6）：1276-1287.

金之钧，白振瑞，高波，等，2019. 中国迎来页岩油气革命了吗？［J］. 石油与天然气地质，40（3）：451-458.

郎东江，伦增珉，吕成远，等，2021. 页岩油注二氧化碳提高采收率影响因素核磁共振实验［J］. 石油勘探与开发，48（3）：603-612.

李相方，冯东，张涛，等，2020. 毛细管力在非常规油气藏开发中的作用及应用［J］. 石油学报，41（12）：1719-1733.

李一波，何天双，胡志明，等. 2021. 页岩油藏提高采收率技术及展望［J］. 西南石油大学学报（自然科学版），43（3）：101-110.

李亚龙，刘先贵，胡志明，等，2019. 页岩储层压裂缝网模拟研究进展［J］. 石油地球物理勘探，54（2）：480-492.

梁成钢，陈昊枢，徐田录，等，2020. 页岩油藏多段压裂水平井井距优化研究——以新疆吉木萨尔油田为例［J］. 陕西科技大学学报，38（3）：87-93.

刘博，徐刚，纪拥军，等，2020. 页岩油水平井体积压裂及微地震监测技术实践［J］. 岩性油气藏，32（6）：172-180.

刘月亮，2021. 页岩油气赋存特征及相态理论应用基础研究进展［J］. 非常规油气，8（2）：8-12.

门晓溪，2015. 岩体渗流—损伤耦合及其水力压裂机理数值试验研究［D］. 沈阳：东北大学.

宋岩，高凤琳，唐相路，等，2020. 海相与陆相页岩储层孔隙结构差异的影响因素［J］. 石油学报，41（12）：1501-1512.

宋付权，张翔，黄小荷，等，2016. 纳米尺度下页岩基质中的页岩气渗流及渗吸特征［J］. 中国科学：技术科学，46（2）：120-126.

苏玉亮，王文东，盛广龙，2014. 体积压裂水平井复合流动模型［J］. 石油学报，5（3）：504-510.

苏玉亮，韩秀虹，王文东，等，2018. 致密油体积压裂耦合渗吸产能预测模型［J］. 深圳大学学报（理工版），35（4）：345-352.

王小军，赵龙，秦志军，等，2019. 准噶尔盆地吉木萨尔凹陷芦草沟组含油页岩岩石力学特性及可压裂性评价［J］. 石油与天然气地质，40（3）：661-668.

王香增，2019. 延长集团上游发展战略与近期勘探进展［C］. 第八届中国石油地质年会.

魏漪，冉启全，童敏，等，2014. 致密油储层压裂水平井产能预测与敏感性因素分析［J］. 水动力学研究 与进展，29（6）：691-699.

魏漪，徐婷，钟敏，等，2018. 不同基质—裂缝耦合模式下致密油生产动态特征［J］. 油气地质与采收 率，25（2）：83-89，95.

许锋，姚约东，吴承美，等，2020. 温度对吉木萨尔致密油藏渗吸效率的影响研究［J］. 石油钻探技术， 48（5）：100-104.

姚同玉，朱维耀，李继山，等，2013. 压裂气藏裂缝扩展和裂缝干扰对水平井产能影响［J］. 中南大学学 报（自然科学版），44（4）：1487-1492.

查明，苏阳，高长海，等，2017. 致密储层储集空间特征及影响因素——以准噶尔盆地吉木萨尔凹陷二 叠系芦草沟组为例［J］. 中国矿业大学学报，46（1）：88-98.

张云钊，曾联波，罗群，等，2018. 准噶尔盆地吉木萨尔凹陷芦草沟组致密储层裂缝特征和成因机制 ［J］. 天然气地球科学，29（2）：211-225.

周万富，王鑫，卢祥国，等，2017. 致密油储层动态渗吸采油效果及其影响因素［J］. 大庆石油地质与开 发，36（3）：148-156.

周德胜，李鸣，师煜涵，等，2018. 致密砂岩储层渗吸稳定时间影响因素研究［J］. 特种油气藏，25 （2）：125-129.

A Khanal, M Khoshghadam, H S Jha, et al, 2021. Understanding the effect of nanopores on flow behavior and production performance of liquid-rich shale reservoirs［C］. Unconventional Resources Technology Conference2021.

Bagherinezhad A, Pishvaie M R, 2014. A new approach to countercurrent spontaneous imbibition simulation u- sing Green element method［J］. Journal of Petroleum Science & Engineering, 119（5）：163-168.

Bi R, Luo S, Lutkenhaus J, et al, 2020. Compositional simulation of cyclic gas injection in liquid-rich shale res- ervoirs using existing simulators with a framework for incorporating nanopores［C］. Proc. , SPE Improved Oil Recovery Conference.

Elizabeth Barsotti, 2019. Capillary condensation in shale：a narrative review［C］, SPE-199768-STU, presenta- tion at the SPE Annual Technical Conference and Exhibition held in Calgary, Alberta, Canada, 30 Sep-2 October 2019.

Fakher S, 2019. Investigating factors that may impact the success of carbon dioxide enhanced oil recovery in shale reservoirs［C］. Presented at the 2019 Annual Technical Conference and Exhibition.

Fakher S, et al, 2019a. A comprehensive review on gas hydrate reservoirs：formation and dissociation thermody- namics and rock and fluid properties［C］. International Petroleum Technology Conference.

Fakher S, et al, 2019b. The effect of unconventional oil reservoirs' nano pore size on the stability of asphaltene during carbon dioxide injection［C］. Presented at the Carbon Management and Technology Conference, Hous- ton, Texas.

Fakher S, et al, 2019c. The impact of thermodynamic conditions on CO_2 adsorption in unconventional shale reser- voirs using the volumetric adsorption method［C］. Presented at the Carbon Management and Technology Confer- ence, Houston, Texas.

Khanal A, Khoshghadam M, Jha H S, 2021. Understanding the effect of nanopores on flow behavior and produc- tion performance of liquid-rich shale reservoirs［J］. Unconventional Resources Technology Conference （URTeC）.

Sabbir Hossain, Obinna D Ezulike, Hassan Dehghanpour, 2020. Post-flowback production data suggest oil drainage from a limited stimulated reservoir volume: An Eagle Ford shale-oil case [J]. International Journal of Coal Geology, 224: 103469.

Tovar F D, Barrufet M A, Schechter D S, 2021. Enhanced oil recovery in the Wolfcamp shale by carbon dioxide or nitrogen injection: an experimental investigation [C]. SPEJ 26 (1): 515-537.

Yuan Zhang, Hamid R Lashgari, Yuan Di, et al, 2016. Capillary pressure effect on hydrocarbon phase behavior in unconventional reservoirs [C]. SPE 180235, prepared for presentation at the SPE Low Perm Symposium held in Denver, Colorado, USA, 5- 6 May 2016.